凭什么让喜欢你

情商高的人
走到哪里都受欢迎

潘鸿生————编著

新华出版社

图书在版编目（CIP）数据

凭什么让人喜欢你 / 潘鸿生编著 . -- 北京：新华出版社，2019.8

ISBN 978-7-5166-4854-4

Ⅰ . ①凭… Ⅱ . ①潘… Ⅲ . ①情商—通俗读物 Ⅳ . ① B842.6-49

中国版本图书馆 CIP 数据核字 (2019) 第 189878 号

凭什么让人喜欢你

编　　著：潘鸿生		
责任编辑：孙大萍	封面设计：U+Na 工作室	

出版发行：新华出版社

地　　址：北京石景山区京原路 8 号　　邮　　编：100040

网　　址：http://www.xinhuapub.com

经　　销：新华书店、新华出版社天猫旗舰店、京东旗舰店及各大网店

购书热线：010-63077122　　中国新闻书店购书热线：010-63072012

照　　排：博文设计制作室

印　　刷：永清县晔盛亚胶印有限公司

成品尺寸：145 mm × 210mm　1/32

印　　张：7　　　　　　　　字　　数：150 千字

版　　次：2019 年 9 月第一版　　印　　次：2019 年 9 月第一次印刷

书　　号：ISBN 978-7-5166-4854-4

定　　价：38.00 元

版权专有，侵权必究。如有质量问题，请与出版社联系调换：010-63077101

前　言

在生活中，什么样的人讨人喜欢，最受人欢迎？答案是情商高的人。这是因为和他们相处很舒服。情商高的人，就是在保护自身利益的情况下，也不会让别人觉得不舒服，并且他还会尽量照顾到更多的人的感受。孔子说："己所不欲，勿施于人。"意思就是自己不需要、不愿接受的东西，不要强加给他人。将心比心，从对方的角度考虑问题，往往能保持和谐的人际关系。这就是情商的力量。

在当今社会，情商是一个人重要的生存能力和技巧，是一种发掘情感潜能、运用情感能力影响生活各个层面和人生走向的最为关键的因素之一。马云曾说：成功靠情商，不败靠智商。成功者往往情商很高，没有情商，没有人会喜欢你。

有人总结出这样一个公式：成功 =20% 智商 +80% 情商。由此可见，在成功的道路上，情商比智商起着更重要的作用。智商决定了你能有多高的学历，能有怎样的科研成就；而情商决定了你为人处事与社会生存的能力。很多心理学家认为，情商表现出人们的综合素养，体现出人们的深层素质，因而能够帮助人们正确地认知自我、管理自我、激励自我，也能够帮助人们处理好人际关系，获得良好的人脉，还可以在人们遭遇坎坷逆境的时候，激励人们不断进取，奋发向上。高情商的人能在纷繁的社会中游刃有余，收获属于自己的成功与快乐。现在，我们具体来看一看为什么情商高的人更容易受欢迎。

情商高的人，即使心里有负面情绪，但他们也能控制，不会随意发泄出来，伤害别人；

情商高的人，是非常阳光的，像小太阳一样，走到哪里都发光发热；

情商高的人，会想人所想，急人所急，关注别人的需求，并满足他人情感上的需求；

情商高的人，不会随便就评价一个人，更不会在背后随便谈论一个人；

情商高的人，总是给对方留面子，不会让对方下不来台；

情商高的人，说话办事总是给人一种很舒服的感觉；

情商高的人，他们往往会尝试站在不同的角度，看待这个别样的世界；

情商的高人，懂得在某些适当的时候拒绝一些自己并不擅长的事；

情商高的人，很少许诺，一旦许诺，言必行行必果。

情商高的人，很善于聆听别人说话，不会随便插话；

情商高的人，会在自己给别人带来伤害时，马上真诚的道歉；

……

情商高的人总是能察觉到别人的需要，能够站在别人的角度，给到别人心里最想要的情感支持，无论说话做事总让对方觉得你是在关心他。总之，情商高的人在生活中总是讨人喜欢的，人人都喜欢和情商高的人相处。

从某种意义上来说，情商就是"讨人喜欢"的能力，情商越高越容易招人喜欢，情商越低越容易招人厌恶。本书从心理分析角度告诉读者，如何提高个人情商，在生活中更加受人欢迎和喜爱。

目　录

第一章　讨人喜欢的八大特质

第二章 任何场合都不失控

第三章 一开口就讨人喜欢

第四章　跟谁都能处得来

第五章　做最好的自己

第六章 有"礼"走遍天下

第七章 为人处世有分寸

目 录

第一章　讨人喜欢的八大特质

——别让低情商害了你

自信：你心中点燃的心灯一盏

对于凌驾命运之上的人来说，信心是命运的主宰。

自信是高情商的重要表现！一个人拥有了自信，便获得了感染、影响他人的人格力量。自信的人一般都比较善于表现自己，善于表现自己的人能够通过自己恰当的表现而获得周围人的喜欢和认可。

自信是一种感觉，拥有这种感觉，人们才能怀着坚定的信心和希望，开始伟大而光荣的事业。自信的人，并不是处处比别人强的人，而是对事有把握，知道自己的存在有价值，知道自己对环境有影响力。他具有较强的自我管理功能，懂得如何安排自己的优势和弱势，而且在自信的心态下，他的优势更容易激发出来。自信能孕育信心，你能通过充满信心的活动使别人对你和你的意见产生信心和喜爱。

有一个叫爱丽丝的女孩，喜欢上邻家男孩迈克。可是爱丽丝一直觉得自己长得普通，不善言谈。而迈克高大帅气，又有一份体面的工作，未必会喜欢自己。因为这份自卑心理，爱丽丝一直没有向迈克表白。

一次，爱丽丝好不容易才鼓起勇气约迈克去看电影，迈克却深为影片中的女主角的美貌而倾倒，看得相当入迷。

看完电影，爱丽丝问迈克，"你为什么看得如此入迷？"迈克随口答道："女主角的发夹真漂亮！"爱丽丝听了，记在心里。

几天后，爱丽丝在逛商场时，偶然间看到了和电影女主角同款的发夹。她将发夹戴在头发上，在镜子里照了照，非常漂亮，但是这只发夹的价格不菲。爱丽丝犹豫再三，想起迈克看女主角时的痴迷样，还是狠了狠心买了一个。

爱丽丝付了款，拿了发夹，把它戴在头上，高兴地去找迈克。她边走边想：我戴了美丽的发夹，该多好看那！像那部电影中的女主一样！迈克肯定会喜欢我的……她越想越美，脸上洋溢着快乐的微笑。一路上，不少路人回头看她，有的还轻声说："真漂亮！"爱丽丝也非常快乐地和熟悉的人打招呼。

爱丽丝来到迈克家里，迈克正低头看书。他抬头见到爱丽丝，惊喜地叫道："爱丽丝，你今天真漂亮！"然后很亲切地和爱丽丝说话。这让爱丽丝很惊喜，她想，原来那只发夹有这么大的魔力。

下午，爱丽丝回到家，却发现桌子上放着一只和自己那只一模一样的发夹，发夹下还压着一张纸，上面写着："姑娘，你走得太匆忙，转身时发夹掉在地上了。"

爱丽丝这才知道，自己整整一天都没有戴发夹。

原本自卑的爱丽丝重新焕发出属于女孩的光彩，并得到了梦寐以求的爱情，这就是自信的力量。

自信体现了一个人的人格魅力。一位心理学家说过："相信自己美的人会越来越美。"在人际交往中，因为相信自己美，就会大大方方地从事各种活动，在活动中展示自身的特长；相信自己美，就会心情愉快、活得潇洒。笑脸比哭脸美，自信的人比自卑的人有魅力。

做任何事情都需要有自信。爱默生说："自信是成功的第一秘诀。"自信的人，总是自带光环和吸引力，言谈举止中所流露和表达的是一种激情，是一种催人奋进的豪迈，是一种无形的力量，这种力量的迸发能使人坚定沉着、冷静果敢。同时，你的自信也会感染他人，吸引他人的注意力，还会对你的事业发展有着巨大的推动作用。

美国前总统罗斯福，当他还是参议员时，潇洒英俊，才华横溢，深受人们爱戴。有一天，罗斯福在加勒比海度假，游泳时突然感到腿部麻痹，动弹不得，幸亏旁边的人发现和挽救及时才避免了一场悲剧的发生。经过医生的诊断，罗斯福被证实患上了"腿部麻痹症"。医生对他说："你可能会丧失行走的能力。"罗斯福并没有被医生的话吓倒，反而笑呵呵地对医生说："我还要走路，而且我还要走进白宫。"

第一次竞选总统时，罗斯福对助选员说："你们布置一个大讲台，我要让所有的选民看到我这个患麻痹症的人，可以'走到前面'演讲，不需要任何拐杖。"当天，他穿着笔挺的西装，面容充满自信，从后台走上演讲台。他的每次迈步声都让每个美国人深深感受到他的意志和十足的信心。后来，罗斯福成为美国政治史上唯一一个连任四届的伟大的总统。

在人生的道路上，一定要与自信同行，你才能更好地生存和发展。自信是对自己能力的一种肯定，能为我们带来了成功，带来了胜利，同时也向外界显示了自己的信心。如果你对自己没有信心，那么你将永远无法到达成功的彼岸。

坚定地相信自己，这就是自信，也是所有取得了伟大成就的人士的基本品质。相信自己，就是要相信自己的优势，相信自己的能力，相信自己有权占据一个空间。人一旦有了自信，其精神面貌就会焕然一新，气场就会变强，言谈举止、待人接物，都会产生很大不同。赢得别人喜欢和信任的最好方式就是，首先要自信。

积极：你完全可以改变你的世界

一个人能否改变自己的命运，关键取决于他的心态如何。成功者与失败者的差别在于，前者以积极的心态对待人生，后者则以消极的心态面对生活。

积极的心态是成功者的法宝。为什么高情商的人更容易成功？因为他们总是能以积极的态度面对世界，面对一切可能出现的困难和险阻，始终用积极的思考、乐观的精神、充实的灵魂和潇洒的态度支配、控制自己的人生，从而不断地克服困难，走向成功。而那些精神空虚、心理灰暗、不思进取的人，只能在种种失败和疑虑的支配下，从失败走向更大的失败。

徐莉和郑梅是大学同学，有一天她们在街上碰到了。郑梅说："徐莉，你怎么变成这个样子了，脸色这么难看，你心情不好吗？"徐莉说："我痛苦死了！我离婚了，我这辈子彻底完了！""你离婚了？我也刚刚离婚。""是么，你也离婚了？我看你心情不错，不像离婚的样子。"郑梅说："为什么不高兴啊！我现在走出围城，很自由，我要好好过日子！"

同样是离婚，但她们对待离婚的态度却大相径庭。随着时间的流逝，她们各自的生活也在慢慢地发生着变化。徐莉认为自己是天底下最命苦的女人，离婚之后一直陷在痛苦之中，她痛恨那个让自己失去爱和家庭的男人，整天以泪洗面。刚开始，家人、同事都对她好言相劝，她一点听不进去，还很敏感，觉得大家都在笑话她，不关心她。本是好意却换来尴尬和无趣，也就没有人再理她、劝她了。心情不好，工作业绩自然也就下来了，不久领导要给她调换部门，她心想领导是落井下石，就生气地辞职了。

与徐莉不同，郑梅离婚之后觉得很轻松，她感到终于可以按照自己的想法过日子了。离婚后的第二个周末，她就邀请自己的同事、同学、朋友到家里聚会，大家无拘无束地喝茶、聊天。心情好，工作自然也积极，好多工作她都抢着干，由于人缘好、态度好、开朗、热心又阳光，郑梅的客户越来越多，她的业绩也逐步提高。业余时间，她还自费参加MBA学习，顺利地拿到学位证书。每隔一段时间，她还约朋友一起去健身房锻炼身体，生活过得越来越幸福。

同样是离婚，两个女人的态度却大相径庭。随着时间的流逝，她们的情况会随着心态慢慢的发生着变化，最后导致不同的人生命运。

积极的心态创造人生，消极的心态消耗人生。积极的心态是成功的起点，是生命的阳光和雨露，滋润着人们的生活；消极的心态是失败的源泉，是生命的慢性杀手，使人在不知不觉中丧失动力。所以，选择了积极的心态，就等于选择了成功的希望；选择消极的心态，就注定要走入失败的沼泽。要想成功，想把美梦变成现实，就必须懂得"心态决定命运"这一条人生哲理。

成功学大师拿破仑·希尔说过："积极的心态，就是心灵的健康和营养。这样的心灵，能吸引财富、成功、快乐和健康。消极的心灵，却是心灵的疾病和垃圾。这样的心灵，不仅排斥财富、成功、快乐和健康，甚至会夺走生活中已有的一切。"

那天下午，小李急着去一家公司拿样片，路上把脚崴了，心情很差。于是拦了一辆出租车。一上车便感觉到司机是个很快活的人，他吹着口哨，都是一些最近的流行曲，一会是《一曲相思》，一会是《沙漠骆驼》。看他乐不可支的样子，小李便搭腔说："司机师傅，看来你今天心情不错！"

"那是自然喽！为什么要心情不好呢？我最近想明白一件事情，那就是情绪暴躁和消沉都没好处，因为事情随时都会发生转机。"接着，司机便讲了一个自己的故事。

"上个星期一的早晨，我出车很早，本想趁上班高峰期多拉点活儿，可是事与愿违。那天天真冷，好像用手一摸铁皮，马上就会被粘住似的，车开出没多久，车胎便爆了。我也快气炸了！我拿出工具来，边换轮胎，边嘟囔着。可是天气太冷，只要工作一会，便得动动身子，暖暖手指头。就在这时，一辆卡车停了下来，司机从车上跳下来。使我更惊讶的是，卡车司机居然开始动手帮忙。轮胎修好之后，我一再道谢，但是卡车司机挥挥手，不以为然地跳上车走了。"

司机接着对小李说："就因为这件小事，我整天心情都很好。看来事情总是有好有坏，人不会永远倒霉的。起初因为轮胎爆了我很生气，后来因为卡车司机帮忙心情就变好了，连好运似乎也跟着来了。那天早上忙得不得了，客人一个接着一个，所以口袋里进的钱也多了。塞翁失马，焉知非福。不要因为事情不如意就心烦，事情会有转机的，只要能用正确态度对待，好运将会陪伴着你。"

听司机讲完，小李顿有所误悟。本来焦急的情绪似乎也平静了。世事会有转机，都可能否极泰来，他想他以后再也不会被人生中的不如意困扰了。这或许就是真正的积极心态吧。

生活中，情商高的人往往总是保持着积极乐观的一面。他们遇到困难不会退缩，会保持良好的心态，积极应对困难。当你面对难题时，如果你期待能拨开乌云见日出，并能乐观以待，事情终会有办法解决，因为好运总是站在积极思考者一边。一个积极心态者心中常能存有光明的远景，即使身陷困境，也能以坦然面对的心态走出困境，迎向光明。在生活中，难免会遇到挫折、困难及烦恼，但这并不意味着你注定要被打败。如果你以积极心态勇敢面对人生，坚信好运必来，就能突破重围，任何难题都将迎刃而解。

坚持：生命是一场马拉松

这是一个发生在古希腊的故事：

开学第一天，大哲学家苏格拉底对学生说："今天咱们只学一件最简单也最容易做的事。每人把胳膊尽量往前甩。"说着，苏格拉底示范了一遍，并问道："从今天开始，每天做300下，大家能做到吗？"学生们都笑了，这么简单的事，有什么做不到的！过了一个月，苏格拉底问学生们："每天甩300下，哪些同学坚持了？"有90%的同学骄傲地举起了手。又过了一个月，苏格拉底又问，这回，坚持下来的学生只剩下80%。一年以后，苏格拉底再一次问大家："请告诉我，最简单的甩手运动，还有哪几位同学坚持了？"这时，整个教室里，只有一人举起了手。他就是后来成为古希腊另一位大哲学家的柏拉图。柏拉图的成功就在于他做到了别人没有做到的事——坚持。谁坚持了，谁就成为成功者；谁半途放弃，谁就将以失败而告终。

这个故事告诉我们，无论做什么事，要取得成功，坚持不懈的毅力和持之以恒的精神是必不可少的。

在我们生活和工作中，对于很困难的事情，情商高的人，懂得水滴石穿的道理，他们往往很能坚持，时间长了，自然就会做出让人满意的成绩出来；而情商低的人，总是喜欢放弃，做事情对他们的情绪是一种消耗，任何事情都会觉得越做越差，越做越想放弃，这样的会不断的成为生活当中的弱者。

两个年轻人一起挖金矿，开始时，他们都抱有坚定的信念——不挖出金子决不放弃。两人从黎明挖到黄昏，又从黄昏挖到黎明，没日没夜地干，手磨出了血，脚磨出了泡。这天，一队人马经过，说是山那头有人挖出了石油，其中一人再也按捺不住了，说哪有什么金子啊，不干了，去那头采石油。另一个人什么也没说，继续埋头干他的活。

结局是放弃的那个人没采到什么石油，更别提金子了，就这样两手空空回了家；而坚持下去的那个人，捧着金子乐开了花。

　　坚持才能成功，有很多事情不是一朝一夕就能完成的，甚至在进行的过程中还要遇到各种困难，阻碍你前进的脚步，这时候最需要的就是专注与坚持，只有这种力量才能让你一步一步朝前走，越来越接近终点。

　　坚持是一个人意志的展现；坚持是一种品质，一种自信，更是一种勇气，是获得成功的一种方式。但绝大部分人都因为太容易而没有去坚持，而真正能坚持下来的人往往最终都能取得成功。

　　20世纪70年代是世界重量级拳击史上英雄辈出的年代。4年来未登上拳台的拳王阿里此时体重已超过正常体重20多磅，速度和耐力也已大不如前，医生给他的运动生涯判了"死刑"。然而，阿里坚信"精神才是拳击手比赛的支柱"，他凭着顽强的毅力重返拳台。

　　1975年9月30日，当33岁的阿里与另一拳坛猛将弗雷泽第三次较量（前两次一胜一负）。在进行到第14回合时，阿里已精疲力竭，濒临崩溃的边缘，这个时候一片羽毛落在他身上也能让他轰然倒地，他几乎再无丝毫力气迎战第15回合了。然而他拼着性命坚持着，不肯放弃。他心里清楚，对方和自己一样，也是只有出气之力了。比到这个地步，与其说在比气力，不如说在比毅力，就看谁能比对方多坚持一会了。他知道此时如果在精神上压倒对方，就有胜出的可能。于是他竭力保持着坚毅的表情和誓不低头的气势，双目如电，令弗雷泽不寒而栗，以为阿里仍存着体力。这时，阿里的教练邓迪敏锐地发现弗雷泽已有放弃的意思，他将此信息传达给阿里，并鼓励阿里再坚持一下。阿里精神一振，更加顽强地坚持着。果然，弗雷泽表示"俯首称臣"，甘拜下风。裁判当即高举起阿里的臂膀，宣布阿里获胜。这时，保住了拳王称号的阿里还未走到台中央便眼前一片漆黑，双腿无力地跪在了地上。弗雷泽见此情景，如遭雷击，他追悔莫及，并为此抱憾终生。

在最艰难，也是最关键的时刻，阿里坚持到胜利的钟声敲响的那一刻，成就了他辉煌人生中的又一个传奇。

有的时候，成功者与失败者之间的区别也就仅仅在于是否能够坚持到底。

我们每个人都渴望成功，那么，成功的秘诀是什么呢？是坚持！成功出自坚持，坚持就是胜利！

诚信：人际交往的通行证

所谓诚信，就是要守信用，一诺千金，说话算数，这是中华民族的传统美德。孔子曾说："人而无信，不知其可也。"意思是说一个人不讲信用，就不知他能干什么。换句话说，一个人不讲信用，就不会有什么朋友。

情商高的人在诚信上都是十分有契约精神的，他们知道一言九鼎的重要性，他们不会把话说得太死，也不会轻易地给自己许下诺言，一旦许诺，纵使粉身碎骨也要做到。

　　东汉末年，张召力和范式一起在京城洛阳读书，由于志趣相投，他们结下了深厚的友谊。分手之时，伤感的张召力说："今日一别，不知何时才能再见范兄一面？"说着竟落下泪来，范式见此情景，就说："张兄，莫要悲伤，两年之后，金秋时节，我一定去拜望令堂，并与你相会。"很快两年就过去了，又是秋天，满地的落叶让张召力想到了临别时范式同他说过的话。

　　他便对母亲说："秋天到了，范式马上就来看我们了。我们准备准备吧！"母亲说："他距离我们这儿有1000多里路呢，再说他也许只是随口说说，怎能当真，说来就来呢？"张召力认真地说："范式为人诚恳、极守信用，一定会来的。"母亲尽管心里不信，但是嘴上仍然说："好好，他会来，我去做点东西准备准备。"

　　约定的日子来了，范式果然赶来了。旧友重逢，自然高兴无比。张召力的母亲在一旁激动地掉泪，感叹地说："张召力有这么一个讲信用的朋友，这是他的福分啊！"

　　诚信是赢得别人信任的基础，在与人交往中，只有说到做到，才能不断提高自己的信义度。而如果你言而无信，就只能失去朋友的信任，破坏原本和谐的友谊。

　　从本质上说，诚信是一种人品修养，是做人的根本准则。诗人艾青这样说："人民不喜欢假哪怕多么装腔作势，多么冠冕堂皇的假话，都不会打动人心的。人人心里都有一架衡量语言的天平。"言外之意就是告诉人们，在交往中要讲信用，说真话、讲实情，而不能信口开河，夸夸其谈。

　　人离不开交往，交往离不开信用，"小信成则大信也"，无论是做人还是做事，诚信在其中必不可少。一个讲诚信的人，能够前后一致，言行一致，表里如一，人们可以根据他的言论去判断他的行为，进行正常的交往。只要你诚实有信，自然会得到大家的认可，获得众人的尊重。反过来，如果你口是心非，说一套做一套，表面上是得到了占了一些便宜。但为了这点便宜毁了自己的声誉，是最不划算的买卖。所以，失信于人，无异于失去了西瓜捡芝麻，得不偿失的。一个不守信用的人，永远交不到真正的朋友，谁愿意和一个说话不算话、出尔反尔的人一起相处呢？

诚信是做人处事之本。如果不讲诚信就无法实现自身的发展和完善，也很难取得长久而真正的利益。诚信待人，它会点燃你生命的明灯，生活不会亏待诚信于人的人。

约翰在德克萨斯州开始从事房地产交易时发生过这样一件事：

有一栋房子是由约翰负责出售的，他清楚地记得房主曾经告诉过他：这栋房子整个骨架都很好，只是房顶老化了，要想居住，必须翻修。

约翰第一次领客户看房的是一对年轻夫妇。他们说准备买房的钱很有限，害怕超支，所以想找一处不需要怎么修理的房子。他们看了之后，一下子就喜欢上那所房子的位置，并想马上搬进去住。这时，约翰对他们讲，这栋房子需要花7000美元左右的费用重修屋顶。

约翰心里十分清楚，说出这栋房子屋顶的真相，可能要冒很大的风险，也许这笔生意就此做不成了。果然，夫妇俩一听修屋顶要花这么多钱，就不肯买了。一个星期之后，约翰得知他们去找另外一家房地产交易所，花较少的钱买了一栋类似的房子。

后来，约翰的老板听说这笔生意被别的房产中介抢走了，非常生气。他把约翰叫到办公室，他想知道约翰是如何丢掉这笔生意的。

约翰讲述了丢掉这笔生意的原因，老板暴跳如雷，并大声训斥约翰："他们并没有问你屋顶的情况！你没有责任讲出屋顶要修的事实，你也没有必要为他们的经济担心，你要知道主动讲这个情况是多么愚蠢！你没有权力讲，结果搞坏了事！"于是，一气之下便把约翰解雇了。

倘若约翰是个失败者，他当时会想："我把实话告诉了那对夫妇，真是太傻了，我为什么要为别人操心呢？如果我不那样多嘴就不会把工作丢掉，也不会为了寻找工作发愁，我可真笨！"

但是约翰并没有那样想，他一直坚信自己的做法没有错，诚实更没有错。因为他一直受到的教育就是要说实话。他的父亲总是对他说："你同别人一握手，就算是签了合同。你说过的话就得算数。如果你想长期做生意，就得跟人家讲公道，诚实守信的好形象是最重要的。"所以，约翰最关心的是他的信用，而不是他口袋里的钱。当时他虽然想把那所房子卖掉，但是绝不会以损害自己的形象为代价。即便丢掉了工作，他仍然坚信自己唯一的做事准则就是绝不出卖自己的诚信。

后来，约翰向他的一位亲戚借了些钱，搬到了加利福尼亚州，在那里开了一家小小的房地产交易所。过了几年，他诚实守信的好形象家喻户晓，生意很兴隆，在全国各地设置了营业处。当地人们只要提到约翰，人们便会放心地与他合作，因为他的名字就是最好的合同。

约翰之所以会成功，一个重要原因就是因为他有一个诚实守信的好形象，这种形象树立起来了，人脉和财富便会滚滚而来。

正所谓：金钱有价，诚信无价。只有守信的人，才会有人信任你。只有做到了诚信待人，你的事业才有望发展，壮大并蒸蒸日上。

诚信不仅是一种个人品质、一种行为规范，更是一种高超的处世之道。"听其言，观其行"，你的一言一行，别人都看在眼里，记在心里，一旦发现你言行不一致，你的威信就会大大降低。所以，以诚信的态度处世，养成诚信的为人与习惯，处世以"信"为原则，讲信义、重信义，这样的人才会为世人所接受。

信守承诺是一种美德，也是与人交往的基本准则。它会吸引周围的人跟随你，并对你信任有加。所以，我们要想讨人喜欢，就要说到做到，只有一个守信用的人，才会交到真正的朋友。

谦虚：别让骄傲封死了前进的道路

人们常说"天不言自高，地不言自厚"。自古以来，谦虚是一种美德，更是一种人生的智慧。你可能也会有这样一种体会：越是谦逊的人，你越是喜欢找出他的优点；越是把自己看得了不起，孤傲自大的人，你越会瞧不起他，喜欢找出他的缺点。这就是谦虚的效能。所以，平时你要谦逊地对待别人，这样才能博得人家的支持，赢得友谊，为你的事业奠定基础。

谦虚使人进步，骄傲使人落后。这是千年不变的恒言。看看古今中外那些先哲伟人，即使取得了令人瞩目的成绩，也绝少有人因为自己具有足够资本而狂一狂的，相反，他们倒是非常自知而又非常谦虚的。

在奥斯卡领奖台上，著名影星英格丽褒曼在连获两届最佳女主角奖后，又因在《东方快车谋杀案》中的精湛演技，获最佳女配角奖。然而，与他角逐此奖的弗伦汀娜克蒂斯也对这个奖项充满了期待，名单揭晓后她难以掩饰内心的落寞。

在接过奖杯发表获奖感言时，英格丽褒曼却说："其实，我觉得弗伦汀娜克蒂斯一直表现得比我更优秀，她也是我最喜爱的演员之一，真正的获奖者应是她。"紧接着，她把目光转向弗伦汀娜克蒂斯，真诚地说："原谅我，弗伦汀娜克蒂斯，我事先并没有打算获胜。"

英格丽褒曼这一句低调而谦逊的话语，马上消除了对方的心理隔阂。泪水瞬时从弗伦汀娜的脸上滚落，她们紧紧地拥抱在一起。

世界上只有虚怀若谷的求知者，没有狂妄自大的成功者。法国资产阶级启蒙思想家孟德斯鸠说过："谦虚是不可缺少的品德。"谦虚谨慎的品格，能使一个人面对成功、荣誉时不骄傲，把它视为一种激励自己继续前进的力量，而不会陷在荣誉和成功的喜悦中不能自拔，把荣誉当成包袱背起来，沾沾自喜于一得之功，不再进取。

谦虚谨慎是一个人必备的品格，具有这种品格的人，在待人接物时能温和有礼、平易近人、尊重他人，善于倾听他们的意见和建议，能虚心求教，取长补短。对待自己有自知之明，在成绩面前不居功自傲；在缺点和错误面前不文过饰非，能主动采取措施进行改正。懂得谦虚的人往往能得到别人的友善和关照，从而为将来事业的成功打下良好基础。

阳子居有一日西去徐州，恰巧碰到老子西去秦国。郊外相逢，阳子居自以为有学问，态度傲慢，老子便为阳子居深感惋惜，当面批评阳子居："以前我还认为你是个可以成大器的人，现在看来不可教诲啦。"

阳子居听了老子的话，心里很不舒服，后悔自己为什么当时那样。老子也很失望。

回到旅店后，阳子居觉得自己应当做得自然一些，起码要敬重长者，敬重有道德学问的老子，便主动给老子拿梳洗的工具，脱下鞋子放在门外，然后膝行到老子面前，谦虚地说：

"学生刚才想请教老师，老师要行路没有空闲，因此不便说话。现在老师有空了，请您指教我的过失。"

老子说："想想看，你态度那么傲慢，表情那样庄严，一举一动又如此矜持造作，眼睛里什么都没有，这样，将来谁和你相处呢？人，没有他人围绕着你，行吗？应该懂得：最洁白的东西好像总有些污秽的感觉，德行最高尚的人总认为自己远不十全十美，学问虽了解了，在多方面他是不行的。知道自己不行，你才知道自己真正行的地方；眼睛里只看到自己不行，实际上，你哪个地方都不明白。"

阳子居先是吃惊，渐渐地脸上浮现惭愧的神色，谦虚地说："老师的教导使我明白了做人的真正道理。"

开始阳子居去徐州的路上，旅舍客人恭敬地迎送他。他住店时，男老板为他摆座位，女老板为他送手巾，大家也给他让座。虽然恭敬，彼此都不舒服。接受老子教诲后，阳子居态度随和，为人谦逊。归途住店，客人都随意地和他交谈，他也感到和大家相处得很亲切。

这就是谦虚的力量。在人际交往中，谦虚的人总是处处受欢迎，而那些大肆张扬，傲慢无礼的人通常是遭人反感厌恶的。英国伯爵柴斯特·菲尔德说："如果你想受到赞美，就用谦逊去作诱饵吧。"谦虚不仅是人们应该具备的美德，从某种意义上说，谦虚也是获得良好人际的力量。虚心的人之所以受欢迎，是因为他们能够把自己放在一个更低的位置，不吝于向别人请教。

曾国藩说："君子过人之处只是谦虚罢了。"谦虚是通往成功和赢得人们尊重的最重要的品质之一。生活中，那些才识、学问愈高的人，在态度上反而愈谦卑，希望自己能精益求精，更上一层楼。谦虚，就能听得进别人的意见、摆正自己的位置。相反，就容易居高临下，目中无人。所以，我们应做到时时谦虚，处处谨慎。

谦逊基于力量，高傲基于无能。狂妄自大和自以为是并不会为我们赢得好的机会，只会断送我们的前程。因为一个喜欢标榜自己的人往往会失去朋友，没有人喜欢和一个爱自我表扬的人在一起。失去别人的信任，别人不但对你的能力产生怀疑，更严重的是，你的品德和灵魂也会遭人批评。无疑，一个没有好人缘、不可信的人是永远也难与成功邂逅的。

俄国作家契诃夫曾说："人应该谦虚，不要让自己的名字像水塘上的气泡那样一闪就过去了。"如果你认为自己拥有广博的知识，高超的技能，卓越的智慧，但没有谦虚镶边的话，你就不可能取得灿烂夺目的成就。所以，你要永远记住："伟人多谦逊，小人多骄傲，太阳穿一件朴素的光衣，白云却披了灿烂的裙裙。"

幽默：人际交往中的润滑剂

生活中有这么两种人，你更愿意与谁交往？

第一种：不苟言笑，缺乏幽默感。当你们无聊地行走在楼宇之间的时候，他一言不发地低着头，像是捕捉"拾金不昧"的机会；当你同他拉家常的时候，他有条不紊地作答，比作八股文还枯燥；当你想从他的脸上捕捉笑意时，他却摆着一幅"英勇就义"的面孔。哪怕经过长时间的磨合，你们的关系再熟，你也不敢跟他开玩笑，因为他随时有可能一反常态，弄得你极其尴尬。

第二种：风趣幽默，总把微笑挂在脸上。当有人闷闷不乐时，他会有意无意地说个笑话，博人一乐；当气氛沉闷时，他会就地取材，幽人一默；当大家背经文般寒暄的时候，他却不失时机地插科打诨，拉近彼此的距离。只要你不拘束，尽可以跟他说说笑笑。

相信大多数人还是愿意与后者沟通的，因为他们的话语会不断地扯动你的笑筋，让你分享到生活的乐趣，从他们身上你能感受到更多的亲和力。情商高的人大都知道幽默的力量，并且会自觉地将幽默的力量发挥到极致。

在第二次世界大战将要结束期间，东西方的首脑在埃及开罗召开会议。某一天，美国总统罗斯福急着找当时的英国首相丘吉尔商洽要事，便径直驱车前往丘吉尔的临时行馆。

久居寒冷潮湿的英国，丘吉尔对于开罗干燥又闷热的气候十分难以适应，尤其日间的气温高达四十摄氏度以上，更是令他无法忍受。几乎整个白天的时光里，丘吉尔都把自己泡在放满冷水的浴缸中消暑。

当罗斯福匆匆赶到时，丘吉尔的随从来不及挡驾，只好通报丘吉尔着装和美国总统会面。罗斯福直接闯进了大厅之中，找不到丘吉尔，耳中听到旁边一个小房间传来丘吉尔的歌声，罗斯福随着声音找了过去，正好撞见躺在浴缸中一丝不挂的英国首相。

两个大国的元首在如此尴尬的情况下见了面，罗斯福马上开口道："我有事急着找你，这下子可好了，我们这次真的能够坦诚相见了！"

丘吉尔也立即作出反应，他在浴缸中泰然自若地道："总统先生，在这样的情形下会面，你应该可以相信，我对你真的是毫无隐瞒的。"两位伟大领袖人物的睿智对谈，轻松地化解了一次外交史上最难堪的场面，并让后世传为美谈。

在人际交往的过程中，想要拉近彼此的距离，幽默感无疑是一剂良方。在社交场合，风趣幽默的说话方式，往往更能体现出一个人的情商，同时也能彰显出他的个性魅力。

幽默的特点就是令人发笑，使人快乐、欣悦和愉快。把这一特点运用到社交生活中，会取得令人叹为观止的效果。

某大学植物系有一位植物学教授，开的课虽然是冷门课程，但只要是他的课，几乎堂堂爆满，甚至还有人宁愿站在走廊边旁听。并不是这位教授的专业知识多么吸引人，而是他的幽默风趣风靡了校园，使得学生们都喜欢上他的课。

有一次，该教授带领一群学生深入山区做校外实习，沿途看到许多不知名的植物，学生好奇地一一发问，教授都详细地回答解说。一位女同学不禁停下了脚步，对着教授赞叹地说："您的学问好渊博呀，什么植物都知道得那么清楚！"教授回头眨了眨眼，扮个鬼脸笑道："这就是我为什么故意走在你们前头的原因了，只要一看到不认识的植物，我就'先下脚为强'，赶紧踩死它，以免露馅！"学生们听了个个笑得前仰后合。

当然，教授只是开个玩笑，幽默一下而已，这就是他广受学生欢迎的原因。

幽默话语让人觉得你平易近人，让人感到你和蔼可亲。这就是幽默的力量，它所散发出来的亲和力无与伦比，让他人不自觉地向你伸出温暖之手，让你在人生路上减少很多曲折。

幽默是社会活动的必备礼品，是活跃社交场合气氛的最佳"调料"。它能增添人们的欢乐，轻描淡写般地拂去可能飘来的一丝不快，还能巧妙得体地摆脱自己或他人面临的窘境——这就是幽默的魅力所在。

有一天，萧伯纳在街上走的时候，突然被一个骑自行车的冒失鬼撞倒在地，他爬了起来，看到自己并没有受伤，只是衣服被刮破了一点儿。骑车的人看到这个情形也松了一口气，但还是急忙道歉。萧伯纳充满惋惜地说："先生，你的运气不佳，如果你这次不小心把我撞死了，那么你就可以名扬四海了！"

还有一次，萧伯纳因脊椎病去医院检查。医生说："我想到了一个办法可以根治你的脊椎病，可以从你身上其他部位取下一块骨头来代替那块坏了的脊椎骨，这样就不用那么麻烦地吃药了。只需要一个手术而已，但是这个手术对我们而言是一个巨大的挑战，因为这种手术我们从来没有尝试过，所以相对而言有些难度，而且手术的过程中你也要承受巨大的痛苦。因为这个手术史无前例，所以在收费上我们也要高点儿，不会等同于一般的手术。"

萧伯纳听了医生的介绍后，淡淡地一笑说："好呀！不过请告诉我，你们打算付给我多少手术试验费？"

一个很棘手的问题被萧伯纳的一句话极其巧妙地处理了，避免了不愉快的争执。这就是幽默所带来的效果！互相敌视的两个人，相逢一笑泯恩仇，因幽默而化敌为友，这种事例举不胜举。真正聪明的人，总是依靠幽默使社交变得更顺利、更富人情味。

有人说："博人好感者必善于幽默。"虽然这句话显得有点太夸张绝对了，但是，幽默在人际交往中确实起着不可小觑的作用。如果你想在交往中很快得到别人的友谊，就要善于运用幽默的力量。

在中国娱乐圈，说话风趣幽默的黄渤，无疑是一位高情商的明星。之前黄晓明和杨颖结婚的时候，记者问黄渤："你会送什么礼物？"

黄渤笑着说："人家什么都有了，送他们一句祝福暖心的话就可以了"。

记者又问："没红包啊？"

黄渤机智地回答道："不知道黄晓明现场会不会发"。

其实这个问题有点攻击性，很容易让对方陷入尴尬。但黄渤绕开了记者的常规逻辑，提供了出其不意的答案，太巧妙了。

如果你希望有所成就、希望引人注目、希望社交成功、希望在现代生活中立于成功不败之地，那么，你就应该学会和别人来点幽默，来点共同的笑。

人与人交往最重要的目的无非是想让别人接受自己。如果不能够给别人惊喜或者意外，那么想让别人记住自己恐怕很难。而幽默是打开别人心房的一把钥匙，也是交际场合的一种常用手法，懂得幽默的人必然会受到别人的欢迎。让我们成功地驾驭幽默，达到交谈的最高境界吧。

微笑：冰山融化于一笑之间

在这个世界上，有一种全人类的共同语言，它就是"微笑"。笑容是有魔力的，它会感染给身边的人，使得说话办事过程中，人与人之间的关系更加融洽。

微笑是人类最动听的语言。真诚自然的微笑，会让一个人变得魅力十足；它传达的是人们心中的一份自信和坦然，这样人们的气场就会传达出积极向上的能量，让人与人之间更亲近、真诚地沟通。

刘楠是个幸运的姑娘，她的爱情和事业都顺风顺水。她的闺蜜张芳一直美慕着她的幸运磁场。张芳没有刘楠那么幸运，工作不顺，爱情的道路走得也很艰难，不是遇不到好男人，就是遇到好男人也没有好结果。

张芳有轻度的抑郁症，她总是觉得不开心。她看到刘楠婚后的生活幸福甜蜜，她为好友感到高兴，却也为自己担忧。她不知自己何时才可以像刘楠那样被幸运的光环笼罩着。回想起从小到大，刘楠每次遇到困难，总会如有贵人相助般圆满解决，而自己无论多么努力，却总是没有她那么幸运。

一个周末的下午，她们在一起喝茶。在环境优雅的西餐厅，刘楠神采奕奕，张芳无精打采。她说：“亲爱的，为什么上帝那么眷顾你这个没心没肺的人。你也经常做错事，还是出了名的迷糊蛋，可你却并没有什么麻烦。而我那么努力，却一直也得不到想要的。”刘楠微笑着拉起对面的张芳的手说：“我经常对你说，微笑会带给你幸运，你却总是不信。这世上，没有比笑容更美丽的化妆品。你微笑面对每一个人，每一个人都会回赠你微笑，大家都乐于和微笑的人成为朋友。”张芳说：“可是，我并没有那么多值得我去微笑和快乐的事情。”刘楠说：“嘿，轻松点。你需要对自己微笑，就像你一样，没有人喜欢愁眉苦脸的人。愁眉苦脸不会为你带来好运。就算不快乐，也不要皱眉，因为你永远不知道有谁会爱上你的笑容。你需要经常对生活微笑，生活便会馈赠你幸运。”

微笑是世界上最美的表情，是最动听的无声语言，社交中最有力的武器。要想在社交中成为主角，就必须牢牢地把握住最有力的武器——微笑。无论你在什么地方，无论你在做什么，在人与人之间，简单的一个微笑是一种最为普及的语言，她能够消除人与人之间的隔阂。人与人之间的最短距离是一个可以分享的微笑，即使是你一个人微笑，也可以使你和自己的心灵进行交流和抚慰。

拿破仑·希尔这样总结微笑的力量："真诚的微笑，其效用如同神奇的按钮，能立即接通他人友善的感情，因为它在告诉对方：我喜欢你，我愿意做你的朋友。同时也在说：我认为你也会喜欢我的。"世界名模辛迪·克劳馥曾说过这样一句话："女人出门时若忘了化妆，最好的补救方法便是亮出你的微笑。"真诚的微笑透出的是宽容、是善意、是温柔、是爱意，更是自信和力量。微笑是一个了不起的表情，无论是你的客户，还是你的朋友，甚或是陌生人，只要看到你的微笑，都不会拒绝你。微笑给这个生硬的世界带来了妩媚和温柔，也给人的心灵带来了阳光和感动。

小丽总是在自己的包里备一面镜子，每当空闲的时候，每当遇到苦难的时候，每当疲惫的时候，她都会拿出来照一照，而且，她常常会独自一个人对着镜子微笑。别人可能会觉得她是一个很臭美的女人，或者觉得她是一个很幸福的女人。其实不然，她只是一个很坚强的女人。

三年前小丽不幸得了乳腺癌，为了继续生活下去，她做了乳房切除手术，可是，令她没想到的是，曾经对她山盟海誓的丈夫，在她刚做完手术，就与她离婚了。她带着幼小的女儿生活，整天垂头丧气，以泪洗面。在很长一段时间里，她都打不起精神。

那时她总感觉天空都是灰色的。有一天，她站在镜子前，看到镜子里映出了一张陌生的脸：那张苍白的脸没有一丝血色，眼神也变得呆板而茫然。她当时就吓了一跳，自己原来那张年轻、俊美的脸到哪里去了？她努力对着镜子笑了笑，才稍稍感觉自己有了一丝生机，她的心情也随之振奋了一下。于是，她告诉自己：没有了丈夫，她依旧可以很好地生活下去，要自己做自己命运的主人。

自从那之后，她就做出一个决定，要多对自己微笑，多给自己鼓劲儿，只要一看到自己的微笑，不管多累，不管多伤心，都要重新站起来！于是，她用业余时间创作，发表了许多文学作品，也收到大量的读者来信，她活得越来越充实，工作也做得越来越出色，每年的年终都能拿到很多奖金。同时，因为她微笑常挂在脸上，她的朋友很多，她和周围的人都相处愉快，她也过得越来越开心。

看，这就是微笑的魅力。一位学者说："对人微笑是高超的社交技巧之一，也是获得幸福的保障。只要活着，忙着、工作着，就不能不微笑……"微笑是人类面孔上最动人的一种表情，是社会生活中美好而无声的语言，它来源于心地的善良、宽容和无私，表现的是一种坦荡和大度。微笑是成功者的自信，是失败者的坚强；微笑是人际关系的粘合剂，也是化敌为友的一剂良方。无论是在生活，还是在工作中，只要你不吝惜微笑，往往就能够左右逢源、顺心如意。这是因为微笑表现着自己友善、谦恭、渴望友谊的美好的感情因素，是向他人发射出的理解、宽容、信任的信号。

微笑是你接近他人最好的介绍信。微笑的表情，是一种诚意和善良的象征，是愉悦别人的一种良好形象，同时也是一种引起他人兴趣和好感的催化剂。如果你想讨人喜欢，那就请多一点微笑，这是生活快乐的象征，也是一种好习惯，更是高情商者的一种人格魅力！

宽容：为人处事中的博大胸襟

当遭受别人侵犯的时候，很多人会带着怒气选择怨恨或还击。为什么非要这样火冒三丈地折磨自己呢？何不用宽容平和地解决问题。宽容是一种心理成熟的表现，是一种充满智慧的心理。高情商人的魅力所在就是能够以宽容之心，放下成见，化干戈为玉帛。

这是一个发生在二战期间的故事：一支友军部队在森林中与德军相遇激战，最后两名战士与部队分开，失去了联系。两个战友在森林中艰难跋涉，寻找大部队，他们互相鼓励、互相安慰，十多天过去了，他们仍然未能与部队联系上。他们之所以在战场上还能相互照顾，彼此不分，因为他们是来自同一个小镇的朋友。

由于长时间没有联系到大部队，他们已经天两三天没吃到食物了。有一天，他们打到了一只鹿，依靠鹿肉他们又艰难地度过了几天。可是也许是战争的原因，动物都四散奔逃，或被杀光了，他们这以后再也没有看到任何动物。仅剩下的一点鹿肉背在年轻一点的战友身上，这一天，他们在森林的边上又遇到了敌人，经过再一次激战，他们巧妙地避开了敌人。就在自以为安全的时候，他们饥饿难忍，这时只听见一声枪响，走在前面的年轻战士中了一枪，幸亏是在肩膀，后面的战友惶恐地跑了过来，他害怕得语无伦次，抱着战友的身体泪流不止，赶忙把自己的衬衣撕开包扎战友的伤口。晚上，未受伤的战士一直叨念着母亲，两眼直勾勾的，他们都以为他们的生命即将结束。虽然饥饿，身边的鹿肉谁也没有动。天知道，他们怎么度过了那一夜，第二天，部队救了他们。

一晃，事情过去了30多年，那位受伤的战士说："我知道谁朝我开了一枪，他就是我的朋友，他去年去世了。在他抱住我的时候，我碰到了他发热的枪管，我怎么也不明白，但当晚我就宽容了他，我知道他想独吞我身上带的鹿肉活下来，但我也知道他活下来是为他的母亲。此后的30年，我装作根本不知道此事，也从不提及。战争太残酷了，他的母亲还是没能等到他回来，我和他一起祭奠了老人家。他跪下来说，请我原谅，我没让他说下去，我们又做了二十几年的朋友，我没理由不宽容他。"

宽容体现了一个人的素养与气度，表现了人的思想水平。只有一个拥有智慧的人，才会在心中留出一片天地给别人。当你学会宽容别人时，就是学会宽容自己，给别人一个改过的机会，就是给自己一个更广阔的空间！

原谅那些曾伤害我们的人，就能让自己的身上创造出生命的力量、光芒，既能照亮他人，也能点亮自己。学会宽恕别人，就是学会善待自己。仇恨只能让我们的心灵永远生活在黑暗之中；宽恕，却能让我们的心灵获得自由，获得解放。

宽容是人处世的准则。一个宽宏大量，与人为善，宽容待人，能主动为他人着想和帮助别人的人，一定会讨人喜欢，被人接纳，受人尊重，具有魅力，因而能够更多地体验成功的喜悦。而一个以敌视的眼光看人，对周围的人戒备森严，心胸狭窄，处处提防，不能宽大为怀的任，必然会因孤独而陷于忧郁和痛苦之中。

宽容是一种修养，一种境界。正如斯宾诺莎所说："心不是靠武力征服，而是靠爱和宽容大度征服。"同是面对他人的过错，耿耿于怀、睚眦必报定会带来心灵的负累。高情商的人则会选择一份包容，一份泰然。包容的神奇就在于化干戈为玉帛，化敌人为朋友。

宽容是爱心的表现，也是极高思想境界的升华。表面上看，它只是一种放弃报复的决定，这种观点似乎有些消极，但真正的宽恕却是一种需要巨大精神力量支持的积极行为。

一位穷困潦倒的远房亲戚来找李女士借钱，说是她丈夫因遇到车祸，脾破裂住进了医院。李女士当时从感情上无法接受她。见到了她，20多年前的往事又浮现在她的眼前，恨和气使她无法接纳她，真不想让她走进她的家门。因为在20多年前，是她钱给她的丈夫，她的丈夫才娶了她。当她遇到困难时，而且是急需用钱时，她只想要回借给她丈夫的钱。而娶进来的她，死活不认账，而且当她的母亲代她去表达她的想法，想要回她的钱时，竟然还动手打了她年近70岁的老母亲。当时她不知道，后来她听了母亲的述说，心里难过极了。钱借给了别人，让老母亲给她去要债，结果让老母亲被人家打了。为了母亲，她决定不要这钱了。多少年过去了，一提起这件事她仍气愤难平！今天，她竟然还有脸来借钱！

后来，在她吃饭的时候，李女士顺手拿起一本杂志坐在客厅的沙发看，杂志上的一段话给他启发很深：人世间最宝贵是宽容，宽容是世界上稀有珍珠。善于宽容的人，总是在播种阳光和雨露，医治人们心灵和肉体的创伤。同宽容的人接触，智慧得到启迪，灵魂变得高尚，襟怀更加宽广。

等到她吃过饭走进客厅时，李女士想：按照她的品行，我不应该去同情她。但过去的事已经过去了，再提也没有什么意义，何况母亲已经不在了。我怎么能和他们一般见识？我应该学会宽容，做一个宽容大度的人，原谅他们的过错。现在她的丈夫生命垂危，我不能见死不救……然后，她跑进屋里，拿了500元交给了她。李女士诚恳地说："这钱拿去给你丈夫治病，不要你还了。"她知道她无能力还钱，起码在这几年内。另外，李女士又给了她价值200元钱的补养品，让她丈夫手术后好好调养。她当时非常震惊和感动，扑通一声就跪在地上，泪流满面地说："姐，我对不起，我们欠您的钱，包括以前的钱，我这辈子还不了，我来世还给您，您的大恩大德我一辈子也报答不完，我给您磕头。"李女士看到她那个样子，又悲又喜，眼泪情不自禁地流出来，她的心情是复杂的，说不清是爱还是宽容。

从那件事情以后，她的心情轻松了不少。她想一生中最恨的人，她都原谅了她，还有什么做不到的呢！李女士学会了宽容，让她的人生无憾！

生活中，我们何必为曾经的伤害耿耿于怀呢？学会宽容别人，也是善待自己的一种方式。学会及早地忘却，及早地原谅，及早地享受生活，生命里美丽的日子不是会多些吗？假如我们每个人都能以宽容、达观和敦厚的心，去生活处世，那便会拥有宽广的心理生活空间，任自己遨游，就会生活得很自在。

宽容是一种幸福，我们饶恕别人，不但给别人机会，也取得了别人的信任和尊敬，我们也能够与他人和睦相处。人与人之间多一份宽容，生活中就会多一份理解，多一份真善，多一份幸福，多一份珍重与美好。

第二章 任何场合都不失控

——情商高就是会控制情绪

学会控制自己的情绪，
不随意把脾气写在脸上

人的成败常常被情商所左右。人与人之间智商的差别非常小，高一点点，低一点点并不会有什么差异，但人和人之间的情商却往往有很大差异。有的人能很好地控制自己的情绪，为人处世表现得非常的理性，这种人往往容易成功；相反，有的人轻易地表露自己的情感，把自己的内心世界完全显露于脸上，喜形于色，稍微碰到一点不如意的事，就会大发脾气，这种人的人际关系一般比较糟糕，而且往往很难成什么事。

新的一届竞选又开始了。一位准备参加参议员竞选的候选人向自己的参谋们讨教如何获得多数人的选票。

其中一个参谋说："我可以教你一些方法。但是我们要先定一个规则，如果你违反我教给你的方法，要罚款10元。"

候选人说："行，没问题。"

"那我们从现在就开始。"

"行，就现在开始。"

"我教你的第一个方法是：无论人家说你什么坏话，你都得忍受；无论人家怎么损你、骂你、指责你、批评你，你都不许发怒。"

"这个容易，人家批评我，说我坏话，正好给我敲个警钟，我不会记在心上。"候选人轻松地答应道。

"你能这么认为最好。我希望你能记住这个戒条，要知道，这是我教给你的所有方法中最重要的一个。不过，像你这种愚蠢的人，不知道什么时候才能记住。"

"什么！你居然说我……"候选人气急败坏地说。

"拿来，10块钱！"

虽然脸上的愤怒还没退去，但是候选人明白，自己确实是违反规则了。他无奈地把钱递给参谋，说："好吧，这次是我错了，你继续说其他的方法。"

"这个方法最重要，其余的方法也差不多。"

"你这个骗子……"

"对不起，又是10块钱。"参谋摊手道。

"你赚这20块钱也太容易了。"

"就是啊，你赶快拿出来。你自己答应的。你如果不给我，我就让你臭名远扬。"

"你真是只狡猾的狐狸。"

"10块钱，对不起，拿来。"

"呀，又是一次。好了，我以后不再发脾气了！"

"算了吧，我并不是真要你的钱，你出身那么贫寒，父亲还因不还人家钱而声誉不佳！"

"你这个讨厌的恶棍，怎么可以侮辱我家人！"

"看到了吧，又是10块钱，这回可不让你抵赖了。"

看到候选人垂头丧气的样子，参谋说："现在你总该知道了吧，克制自己的愤怒并不容易。你要随时留心，时时在意。10块钱倒是小事，要是你每发一次脾气就丢掉一张选票，那损失可就大了。"

人常常因为自己一时的沉不住气，控制不住自己的情绪而做出一些伤害他人或伤害他人与自己之间感情的事情，这是非常不可取的。所以，一个人如果要成功，不能仅仅在意自己的智商，更要注重培养自己的情商，学会控制自己的负面情绪。

情商的一个重要的内容就是掌控情绪。掌控自我情绪是一种重要的能力，也是人区别于动物的重要标志。"你知道不懂情绪管理有多可怕吗？它会影响你的恋爱、婚姻、社交、工作效率、职场发展等一切。""国民励志女作家"咪蒙老师如是说。"你不懂情绪管理，就说明你情商低。"

情绪是个体对外界事物的态度、体验，以及相应的行为反应，它有积极和消极之分。积极的情绪能够推动人的身心向上、向上、再向上，它有利于学习和工作效率的提高，能够帮助我们获取成功。而消极情绪包括忧愁、悲伤、紧张、焦虑、痛苦、恐惧等，会为我们带来一连串的负面影响，甚至将我们拖下万丈深渊。消极情绪会使我们反应迟钝、精神疲惫、进取心丧失，会夺走我们的控制能力和判断能力，让我们的意识范围变窄、正常行为瓦解，具有极大的危害。

在拿破仑·希尔事业生涯的初期，他就曾受到个人情绪的困扰。有一次，拿破仑·希尔和办公室大楼的管理员发生了一场误会。这场误会导致了他们两人之间相互憎恨，甚至演变成了激烈的敌对状态。这位管理人员为了显示他对拿破仑·希尔一个人在办公室工作的不满，就把大楼的电灯全部关掉。这种情形已连续发生了几次，一天，拿破仑·希尔在办公室准备一篇预备在第二天晚上发表的演讲稿，当他刚刚在书桌前坐好时，电灯熄灭了。

拿破仑·希尔立刻跳起来，奔向大楼地下室，找到了那位管理员并破口大骂。他以无比火更热辣辣的词来对管理员痛骂，直到他再也找不出更多的骂人的词句了，只好放慢了速度。这时候，管理员直起身体，转过头来，脸上露出开朗的微笑，并以柔和的声调说道："你今天早上有点儿激动，不是吗？"管理员的话似一把锐利的剑，一下子刺进拿破仑·希尔的身体。拿破仑·希尔的良心受到了谴责。待他控制了愤怒的情绪后，他平静了下来，他知道，他不仅被打败了，而且更糟糕的是，他是主动的，又是错误的一方，这一切只会更增加他的羞辱。于是，拿破仑·希尔歉意地说："对不起！我为我的行为道歉——如果你愿意接受的话。"管理员脸上露出那种微笑，他说："凭着上帝的爱心，你用不着向我道歉。除了这四堵墙壁以及你和我之外，并没有人听见你刚才说的话。我不会把它传出去的。我也知道你也不会说出去的。因此我们不如就把此事忘了吧？"

拿破仑·希尔向他走过去，抓住他的手，使劲握了握。拿破仑不仅是用手和他握手，更是用心和他握手。在走回办公室的途中，拿破仑·希尔感到心情十分愉快，因为他终于鼓起勇气，化解了自己做错的事。

之后，拿破仑·希尔下定决心，以后绝不再失去自制。因为当一个人不能控制自己的情绪时，另一个人——不管是一名目不识丁的管理员还是有教养的绅士——都能轻易地将自己打败。

生活中，扰人心情的事情时有发生，并成为影响我们情绪的罪魁祸首。我们要看清自己的弱点，不要受到情绪的影响，用意志来控制自己，从容应付突发事件。

学会控制自己的情绪，对于每个人而言都是相当重要的，它是我们成功的前提，更是我们身心健康的保证。做自己情绪的主人，不仅让你重新获得主导权，而且会使你发现，掌控自己的情绪以后，所有的难题都能够轻松驾驭了！

怒发冲冠时，请及时踩一脚急刹车

在现实生活中，我们每个人都免不了动怒。愤怒是人类的一种失控情绪。当人们处在愤怒中时，智商和情商都降到了最低，特别容易做出冲动的傻事。在愤怒的关头，人们往往会自以为是，作出非常武断的决定，其冲动行为的危害性不可估量。

在三国时期，关云长失守荆州，败走麦城被杀，此事激起刘备怒火中烧，遂起兵攻打东吴，众臣之苦谏皆不听，实在是因小失大。正如赵云所说："国贼是曹操，非孙权也。宜先灭魏，则吴自服，操身虽毙，子丕篡盗，当因众心，早图中原……不应置魏，先与吴战。兵势一交，不得卒解也。"诸葛亮也上表谏止曰："臣亮等切以吴贼逞奸诡之计，致荆州有覆亡之祸；陨将星于斗牛，折天柱于楚地，此情哀痛，诚不可忘。但念迁汉鼎者，罪由曹操；移刘祚者，过非孙权。窃谓魏贼若除，则吴自宾服。愿陛下纳秦宓金石之言，以养士卒之力，别作良图。则社稷幸甚！天下幸甚！"可是刘备看完后，将表掷于地上，说："朕意已决，无得再谏。"执意率大军东征，最终导致兵败彝陵，而刘备自己也郁郁而终。

这个故事告诉我们，人在生气的时候无法做出正确判断，固执已有想法，行为频频出错，从而付出巨大的代价。所以，无论遇到什么事应该冷静沉着，尤其是怒火攻心之时，更要有意识地控制自己，先搞清楚事情状况，切忌一时冲动、意气用事。要知道，盛怒之下的行为，通常都毫无理智可言，事后痛悔几乎是必然的。既然如此，为什么不在当时就抓住自己，让自己别做那些注定要后悔的蠢事？

无论什么情绪在刚开始的时候都是容易克制住的。当你开始觉得气愤、不愉快的时候，不妨尝试着延迟开口说话和反驳的时间，将"怒火"扼杀在摇篮里。当你生气时，请先不要发作，在心里数十个数，给理智一个和冲动竞争的机会后再开口；如果怒不可遏，那么就数到一百。然后，你会发现其实事情并没有我们想象中的那么糟糕。

刘强接手了一项新的项目，这个任务十分棘手，上级领导给的压力也很大。这让他一连几天都处在情绪很不稳定的状态，心里一把无明之火烧着没处发。当他看到手下团队成员提交的报告时，怒气终于爆发了。在他看来，那些报告根本就是垃圾，分析平庸、见解肤浅，毫无建设性，完全是在敷衍了事。他气得抄起办公桌上的烟灰缸狠狠砸了出去，又把那摞报告书抓起来扔出门外。

刘强的动作把所有人的目光都吸引了过来，只见他唇角紧抿，脸色铁青。他手下的人都被吓坏了，个个缩头缩脑，大气都不敢出，生怕自己撞到枪口上。刘强看他们这样，忽然想到自己开会的时候，面对大老板的暴怒，他也只能闷声不吭地扛着。他知道，这时发脾气只能进一步打击下属的工作积极性，对改善问题根本毫无帮助。他告诉自己，必须控制住情绪，不能让自己发怒的丑态进一步暴露人前，更重要的是，不能让怒火成为别人工作的心理障碍，破坏团队的凝聚力。

他把嘴唇抿了又抿，阻止自己的怒火脱口而出，当他感到按捺不住的时候，一下从桌前站起来——这一瞬间他仿佛看到几个下属轻微地打了个哆嗦——大步流星地走了出去，他直冲到公司楼下的草坪上，在花丛边上停下来，狠狠地做了几次深呼吸，终于好受了一些。他对压住了怒火的自己感到满意，开始一边走动一边放松身体，然后尽量把事情往好的一面想。一刻钟之后，刘强恢复了通常的状态，面容轻松地回到办公室，把之前的报告重新看了一遍，而这一次，他竟然发现它们似乎并没有那么差，其中甚至有好几处十分出色。好在刚才没让怒气彻底爆发，他为自己感到庆幸。

此后，每当工作压力过大，情绪不稳，刘强就会抽出一段时间专门用来放松自己，去附近的公园走一走，一边散步一边深呼吸，试着让内心恢复平静，以免失控的情绪蒙蔽自己的判断力。从那以后，刘强再也没有像上次那样气得砸东西，他手下的团队工作效率似乎也在转好，他可以明显地感觉到，他们工作时的气氛比从前更活跃、更积极了。而更令人高兴的是，刘强发现，控制怒气刚开始困难，后来却变得简单，当他有意识地调整自己的情绪，感到愤怒的时机就越来越少——现在他几乎都要忘记怒不可遏是什么感受了。

愤怒是一种人性弱点，而不是所谓的勇气。所谓"小不忍则乱大谋"，一旦愤怒爆发，我们将后悔莫及。因为其造成的伤害，我们倾尽一生都无法弥补。所以，我们要学会克制愤怒，在怒发冲冠的时候及时踩一脚急刹车。

下面是消除愤怒情绪的一些具体方法：

（1）请可信赖的人帮助你。让他们每当看见你动怒的时候，便提醒你。你接到信号之后，可以想想看你在干什么，然后努力推迟动怒。

（2）不要总是对别人抱有期望。只要没有这种期望，愤怒也就不复存在了。

（3）当你愤怒时，首先冷静地思考，提醒自己：不能因为过去一直消极地看待事物，现在也必须如此，自我意识是至关重要的。

（4）主动控制。主要是用自己的道德修养、意志修养缓解和降低愤怒的情绪。有人在要发泄怒气时，心中默念"不要发火，息怒、息怒"，会收到一定效果。

（5）当你想用愤怒情绪教训人时，可以假装动怒，提高嗓门或板起面孔，但千万不要真的动怒，不要以愤怒所带来的生理与心理痛苦来折磨自己。

（6）当你要动怒时，花几秒钟冷静地描述一下你的感觉和对方的感觉，以此来消气。最初10秒钟是至关重要的，假如你能够熬过这10秒钟，愤怒便会逐渐消失。

（7）当你发怒的时候，要时刻提醒自己，人人都有权根据自己的选择来行事，如果一味禁止别人这样做，只会加深你的愤怒。你要学会允许别人选择其言行，就像你坚持自己的言行一样。

（8）改变自己的心态。愤怒通常是虚荣心强、心胸狭窄、感情脆弱、盛气凌人所致，对此，可以用疏导的方法将烦恼与怒气导引到高层次，升华到积极的追求上，以此激励起发奋的行动，达到转化的目的。

总而言之，我们必须要提高自己控制愤怒情绪的能力，时刻提醒自己，有意识地控制自己情绪的波动。

坏情绪就像病毒，控制不好就会传染

心理学中有一个著名的"踢猫效应"：

张琳女士是某公司的总经理，在一次办公会会议上，她作了激励员工士气的讲话，保证自己将以身作则——每天做到早到迟退，力图率领大家扭转公司的颓势。谁知几天后的一个早晨，张琳女士因头天晚上工作太晚，早上没能及时起床，出家门的时候，离上班时间只剩几分钟了。她匆匆忙忙地开车，闯了两个红灯，被警察扣了驾驶执照。

张琳女士感到气急败坏，她抱怨说："今天活该有事，我向来遵纪守法，该死的警察不去抓小偷，却来找我的麻烦，真是可恨！"

回到办公室，正好碰到部门经理来向她汇报工作。她不带好气地问部门经理上周那笔生意敲定没有？部门经理告诉他还没有。

张琳女士吼道："我已经付给你5年薪水了。现在我们终于有一次机会做笔大生意，你却把它弄吹了，如果你不把这笔生意争回来，我就解雇你！"

部门经理一肚子的不满，心想："我在公司辛辛苦苦干了5年，公司少了我就会停顿。现在，就因为我丢掉了一笔生意，她就恐吓要解雇我，太过分了！"

他回到自己的办公室，问秘书："今天早上我给你的那五封信打好了没有？"她回答说："没有。我……"部门经理冒起火来，指责说："不要找任何借口，我要你赶快打好这些信件。如果办不到，我就交给别人。虽然你在这干了三年，不表示你会一直被雇佣！"

秘书心里想："有病啊！三年来，我一直很努力工作，经常地超时加班，现在就因为我无法同时做两件事，就恐吓要辞退我。欺负人呢吗！"

她下班回家，看到八岁的孩子正躺着看电视，短裤上破了一个大洞，她就叫起来："我告诉你多少次，放学回家后不要去瞎闹，你就是不听。现在你给我回到房里去，今晚不许看电视了！"

八岁的儿子走出客厅时想："妈妈连解释的机会都不给我，就冲我发火，真不讲理。"这时，他的小 走到跟前，小孩一生气，狠狠地踢了猫一脚："给我滚出去！你这只臭猫！"

看，张琳女士的消极情绪通过漫长的链条，最后传导到了秘书小姐家的猫身上。从上面这个例子我们发现，坏情绪是可以传染的。实际上，这样的情绪转移现象在生活中并不少见。一个人的不良情绪一旦无法正当发泄和排解，会怎么样呢？这时此人往往会找一个出气筒，把情绪转移到别人的身上。心理学将这个现象称之为"踢猫效应"。即指对弱于自己或者等级低于自己的对象发泄不满情绪，而产生的连锁反应。也就是说，人的不满情绪和糟糕心情，一般会沿着等级和强弱组成的社会关系链条依次传递，由金字塔尖一直扩散到最底层，无处发泄的最小的那一个元素，则成为最终的受害者。

一般而言，人的情绪会受到环境以及一些偶然因素的影响，当一个人的情绪变坏时，潜意识会驱使他选择下属或无法还击的弱者发泄。受到上司或者强者情绪攻击的人又回去寻找自己的出气筒。这样就会形成一条清晰的愤怒传递链条，最终的承受者，即"猫"，是最弱小的群体，也是受气最多的群体，因为也许会有多个渠道的怒气传递到他这里来。

在现实的生活里，我们很容易发现，许多人在受到批评之后，不是冷静下来想想自己为什么会受批评，而是心里面很不舒服，总想找人发泄心中的怨气。其实这是一种没有接受批评、没有正确地认识自己的错误的一种表现。受到批评，心情不好这可以理解。但批评之后产生了"踢猫效应"，这不仅于事无补，反而容易激发更大的矛盾。

一个人的不良情绪，会像无形的波浪，一圈一圈地波及，把周围许多人或事牵连在一起，造成大家的不悦。所以要加强修炼，要学会克制，尽量不发牢骚，尽量隐藏烦恼与懊丧，不要错怪一个人，不要冤枉一个人，不要让不良情绪蔓延开来，否则对你没有好处，对大家也都没有好处。

为预防情绪传染，建议大家不妨从以下几个方面努力做些工作。

1.当你遇到烦恼的事时，要习惯于控制自己的情绪，而不应把这些不愉快的情绪渲染、转嫁到他人身上。

2.每天面带微笑，因为微笑就像阳光一样能给周围的人带来快乐。

3.用积极思维看待事情，不要只看坏的一面，并提醒自己不要忘记其他方面取得的成就。积极的思维能使人在悲观中看到前途，化冷漠为热情，变焦虑为镇静。

4.当对方触犯你时，我们也可以站在对方的角度想一想，可能就会觉得对方的行为情有可原。这样，不良情绪就会减弱，甚至消失了。

若总是在攀比，生活中每天都会有烦恼

梅须逊雪三分白，雪却输梅一段香，人也各有其长、各有其短，盲目攀比毫无意义。

《牛津格言》中说："如果我们仅仅想获得幸福，那很容易实现。但我们希望比别人更幸福，就会感到很难实现，因为我们对于别人的幸福的想象总是超过实际情形。"的确如此。攀比总是伴随着抱怨，使我们的心理无法趋于常态。攀比是无止境的，如果永远都抱着攀比的心态生活下去，那么每天的生活都将处在水深火热之中。攀比有时就像一把利剑，刺向自己心灵的深处，而且攀比对人、对己都十分不利，最终伤害的只有自己的幸福和快乐。

有这样一个寓言故事：

一只牛蛙长得很大，当他吸足一口气撑起肚皮，再没有其他的牛蛙比得上他。他最大的爱好就是撑起自己，然后接受众蛙们"好大啊！"的赞美，飘飘欲仙。可是一日，一只蛙看到了一头牛，它惊奇的告诉大家："牛才真的大啊！"大牛蛙听了不服气，便撑起肚皮问："牛大，还是我大？"那只蛙回答："牛大！牛大！"大牛蛙一听火了，拼命吸气，肚子越撑越大，可还是听那只蛙说："还是牛大！"大牛蛙怒发冲冠，肝胆俱裂，最后猛吸一口气，只听"啪"的一声——它把自己撑爆了。

盲目攀比，大牛蛙自食恶果。动物的攀比之心尚且如此，更何况人。

攀比之心，人皆有之。但如果只是一味盲目攀比，只能会给自己带来不必要的烦恼。俗话说"人比人气死人"。无论在什么场合，有的人总喜欢攀比，这样的人无论怎么富有，生活似乎总是痛苦的，这样的人痛苦的本身在于自己太爱攀比。

几十年前，《巴尔的摩哲人》的编辑亨利·路易斯·曼肯就曾说过，财富就是你比你妻子的妹夫多挣100美元。行为经济学家说，我们越来越富，但并不更幸福的部分原因是，我们老是拿自己与那些物质条件更好的人比。

当然世界少不了攀比，而且从一定意义上说，攀比还是人类进步的侧面动力。一个人想在社会上确定自己的位置，并不断超越自我，必须选定一个参照物。但是，我们提倡的是理性的比较，而不是盲目的比较。我们可以不知足，但是不能盲目攀比。否则就会失去自我和特色，到头来只能是徒增烦恼。

芳的丈夫在一所小学教书，挣的钱虽然不多，但是脾气特别好，做什么事都让着她。但是，在婚后的一年里，他们出现了一些经济上的问题。那时，芳所在的工厂效益不好，工人拿不到什么好的工资，而她丈夫的工资也很低，家里的生活很是寒酸，芳自己也没几件像样的衣服。看着别的姐妹嫁了有钱的丈夫，天天穿金戴银地，心里就特别不好受，特别是那次她的生日，丈夫一样礼物都没买给她，芳当时气极了，跟他大吵了一架，骂他没本事，窝囊，不会挣钱，不懂得爱妻子。他听了她的怨骂后，一句话也不说，只是唉声叹气，坐在沙发上默默地吸着一根又一根的烟。

之后，芳是越看丈夫越不顺眼，经常为了一些鸡毛蒜皮的小事和他争吵。但每次吵过后，都是他在对她说对不起，无论她怎样无理取闹，他也从没出手打过她。可有时芳实在是太过分了，说出一些难听的话伤了他的自尊，丈夫虽然很生气，想出手打她，可最终还是舍不得下手，在他最愤怒的时候也只是用拳头敲打墙壁或者是长时间的沉默。

他们就这样平静地过了两年，日子久了，芳越来越感到生活无味了……说真的，他从来没给她买过一样像样的礼物，虽然口口声声说爱着她，可芳已经厌烦了这种爱情，甚至有时根本就不相信他的爱，只觉得他窝囊，不会赚钱，和他生活在一起，芳感到太累了。

就在那时，一个有钱的男人辉走进了她的生活。那男人天天夸她长得漂亮，在她面前说尽了好听的甜言蜜语，并且不停地给她买各式各样的漂亮衣服、高贵的首饰、各种高档的化妆品和香水，追求她，要她嫁给他。面对这个如此有钱的浪漫男人，虽然比自己大了十岁，芳还是不加考虑地就投入了辉的怀抱。

一切都顺理成章，芳和丈夫离婚了，那真是一个少见的老实男人，对她的移情别恋和冷酷，他还是没有舍得骂她，只留下那么一句："你要好好保重自己，我希望你幸福。"当时的芳听了也并没有多少感动，头也不回地就走了。她以为离开了那个没本事的男人，嫁给有钱的辉，才是她的明智选择，才是她一生的幸福所在。

辉的确很有本事，他给她吃好的，穿好的，可唯独就是少了那一份怜爱。他在外面的情人很多，每天陪她的时间少得可怜，芳感到很孤独，免不了要生气，但这个有钱的男人却从不在乎她的感受，得到了也就是这样了。

一次，芳终于忍受不了辉的冷落和他吵了起来，可能是她的喋喋不休和数落惹火了辉，他毫不留情地动手打了她，之后扬长而去，到外面找他的旧情人去了……

之后，这样的事重演了好几次，每次被辉打了之后，她都以泪洗面。常常在那时，芳就会想起自己的前夫，想起他的种种好，到了这时，她才知道前夫以前的温柔和爱是多么的珍贵，可她到底做了些什么，她把他对她的容忍和沉默看成是他的窝囊，她伤害了他，也害了自己。

芳再也不想和那个虚伪的男人生活下去了，他们终于离婚了。可是，当芳回到之前的家里时，看到的却是前夫在温柔地帮另一个女人梳理着她的头发，灯光下，淡淡的影子缠绵在一起。那一刻，芳唯有泪流满面。

任何人都有追求美好的权利。但是如果将这种追求变成攀比，那么痛苦就不远了。人一生最悲哀的事情就是拿自己的处境和别人作比较。攀比不是罪过，但攀比心太强必然烦恼丛生。跟在别人后面亦步亦趋，在越来越让人眼花缭乱的欲望对象面前患得患失，将永远也体会不到人生最值得珍视的内心和平。

攀比源于对自己、对现状的不满，鲁迅说："不满是向上的车轮"，有追求、有梦想是件好事。但是，这不等同于盲目攀比。现在，有很多人不断地去寻找、探索、追求幸福感，但终不得其果。心理学家认为，幸福与否主要是期望的反映，在很多情况下，是跟别人攀比造成了幸福感的缺失。感受不到幸福是因为对幸福的期望太高，设定的条件太苛刻，无法激发、启动对幸福感知的神经，甚至是对幸福的感觉反应迟钝，所以有些人常常会不开心，感受不到幸福。

随着社会的不断发展，我们的生活越来越富，但并不更幸福的部分原因就是，我们老是拿自己与那些物质条件更好的人比。其实，如果你真的要攀比，有一件非常简单的事你能做：那就是与那些不如你的人、比你更穷、房子更小、车子更破的人相比，你的幸福感就会增加。可问题是，许多人总是做相反的事，他们老在与比他们强的比，这会生出很大的挫折感，会出现焦虑，觉得自己不幸福。所以，我们要学会知足。无论贫或富，我们都不必和别人攀比，不必奢求荣华富贵、锦衣玉食。只要过好自己的日子，感悟生活的真谛，享受生活带来的快乐，你就会感受无比的幸福。

哲人说，与他人比是懦夫的行为，与自己比才是真正的英雄。所以，把眼光放在自己的身心上，生活一定会多一份快乐与满足。

克服忌妒，别让心态失去平衡

你知道什么是螃蟹心理吗？你知道渔民们怎样抓螃蟹吗？把盒子的一面打开，开口冲着螃蟹，让它们爬进来，当盒子装满螃蟹后，将开口关上。盒子有底，但是没有盖子。本来螃蟹可以很容易地从盒子里爬出来跑掉，但是由于螃蟹有嫉妒心理，结果一只都不能跑掉。原来当一只螃蟹开始往上爬的时候，另一只螃蟹就把它挤了下来，最终谁也没有爬出去，都成了餐桌上的美味佳肴。

　　自然界的动物尚且如此，更何况人呢？如果一个人在生活中产生了嫉妒情绪，那么他就从此生活在阴暗的角落里，不能在阳光下光明磊落地说和做，而是面对别人的成功或优势咬牙切齿，恨得心痛。一个人有了这种不健康的情感，就等于给自己的心灵播下了失败的种子。

　　《科学蒙难集》中记载有这样一件事：

　　　　举世闻名的大化学家戴维发现了法拉第的才能，于是将这位铁匠之子、小书店的装订工招到皇家学院做他的助手。法拉第进入皇家学院之后进步很快，接连搞出多项重要发明，就连戴维失败的领域他也取得了成功。

　　　　然而，当法拉第的成绩超过戴维之后，戴维心中不可遏制地燃起了嫉妒之火。他不仅一直不改变法拉第实验助手的地位，还诬陷他剽窃别人的研究成果，极力阻拦他进入皇家学会。这大大影响了法拉第创造才能的发挥。

　　　　直到戴维去世，法拉第才开始其真正伟大的创造。

　　戴维本应享受伯乐的美誉，却因嫉妒心理阻碍了法拉第的迅速成长，不仅给科学发展带来了损失，也使自己背上了阻碍科学发展、使科学蒙难的恶名，留下了令人遗憾的人生败笔。

　　古希腊哲学家说："嫉妒是对别人幸运的一种烦恼。"从这句话中，我们就能看出，嫉妒是有明显对抗性的，这种对抗表现为攻击性，攻击的目的就是要颠覆别人的"幸运"。生活中，爱嫉妒的人常常会诋毁别人的成绩，还会怨恨自己的无能，心中充满唯恐被别人超越的苦恼，身心备受双重煎熬。嫉妒心强的人还会惹是生非，拆人家的台，给人家处处出难题，使绊子。同时也会使人变得消沉，或是充满仇恨，如果一个人心中变得消沉或是充满仇恨，那么他距离成功也就越来越远。

刘娜是一个来自农村的女孩。三年前，她以优异的成绩考取了某著名学府的英语专业，这让她从此有了出人头地的机会。她是一个热情大方、乐于助人的女孩子，因此，同学和老师都十分喜欢她。

可她并没有就这样积极地与人相处下去，在与同学的不断交往中她产生了严重的不平衡心理。只要别的同学哪方面比她强，她就眼红；只要老师在同学面前表扬别的同学，她心里就酸溜溜的。她总是抱怨自己生在一个并不富裕的家庭，看到别的同学锦衣玉食就极不平衡；别的同学得了奖学金或评为"三好学生"，她就嫉妒的夜里辗转反侧无法安睡，还时常抱怨上天的不公。

最让她看不惯的是与她来自同一所高中的老乡同学。原来两个人在高中时各方面都不差上下，上大学后，老乡的成绩越来越好，而且被选上了学生会干部，她就更加妒火中烧了。为此，给那位老乡散布流言蜚语，造谣中伤，成了她取代认真读书的头等大事。在一次选举学生会干部时，她为了把老乡比下去，竟然不知羞耻地在下面做小动作——拉选票，结果她的阴谋被同学们识破，唱票时只有她自己投了自己一票，搞得十分狼狈，同学们也越来越讨厌她。

但她并没有就此收手，已经被嫉妒冲昏了头脑的她，一计不成又生一计。在期末考试中，她知道凭自己的水平是拿不了高分的，于是，她就采取夹带纸条的方法作弊。在最先的两门考试中，她的计谋得逞了。正当她自鸣得意、觉得胜利在望的时，却在第三门考试中被监考老师抓个正着。老师

说："我早就注意到你了，以为你会有所收敛，没想到你一
而再、再而三地作弊。我再也不能容忍你的所作所为了。"
刘娜当下便痛哭流涕地求监考老师手下留情，可是学校的制
度是无情的。当天，学校教务处就做出了开除其学籍的处分
决定。

刘娜的悲惨结局是令人痛心的。大学是多少青年人梦寐以求
的地方啊！可是，刘娜的大学梦就这样被自己毁灭了。造成这个
悲惨结局的罪魁祸首是谁呢？不言而喻，那便是嫉妒。

嫉妒是万恶的根源，是美德的窃贼。越是嫉妒别人，就越容
易消磨自己的斗志和锐气，越会陷入无止境的叹息，使自己的人
生之舟搁浅在嫉贤妒能的荒滩上。

培根说："每一个埋头沉入自己事业的人，是没有工夫去嫉
妒别人的。"换言之，凡是产生嫉妒心理和行为的人，是没有把
心思"埋头沉入自己事业的人"。

嫉妒产生的原因，大多是由于自知不足，比不上别人，这
本身就是一个促其转变的好契机。"知耻近乎勇"，知道自己不
足，努力加以弥补，这才是积极的态度。但如果人与人之间由于
嫉妒而你整我，我整你，冤冤相报，何时能了？而且，喜欢嫉妒
别人的人自己的日子也不好过。每天嫉妒别人，自己心里也烦
恼，总是觉得别人比自己高明，对此又不能平静，由嫉妒转为想
算计别人。

伯特兰·罗素是20世纪声誉卓著、影响深远的思想家之一，
1950年诺贝尔文学奖获得者。他在其《快乐哲学》一书中谈到嫉
妒时说："嫉妒尽管是一种罪恶，它的作用尽管可怕，但并非完
全是一个恶魔。它的一部分是一种英雄式的痛苦的表现；人们在
黑夜里盲目地摸索，也许走向一个更好的归宿，也许只是走向死

亡与毁灭。要摆脱这种绝望，寻找康庄大道，文明人必须像他已经扩展了他的大脑一样，扩展他的心胸。他必须学会超越自我，在超越自我的过程中，学得像宇宙万物那样逍遥自在。"在生活中，当你发现你正隐隐地嫉妒一个各方面都比自己能干的人的时候，你不妨反省一下自己是否在某些方面有所欠缺。在你得出明确的结论后，你会大受启示。你不妨就借嫉妒心理的强烈超越意识去发奋努力，升华这种嫉妒之情，以此建立强大的自意识来增强竞争的信心。这样，不但可以克服自己的嫉妒心理，而且可使自己免受或少受嫉妒的伤害，同时还可以取得事业上的成功，又可感受到生活的愉悦。

总之，如同钢铁被铁锈腐蚀一样，人很容易被嫉妒折磨得遍体鳞伤，我们要时刻提防它对我们心灵的腐蚀，远离它，从而获得内心的自由与超脱。

欲望像火山，控制不住就会害人害己

一个人有欲望，本来是一件好事，因为欲望可以是理想、愿望、目标，成为人奋斗的动力，成功的源泉。但"世上莫如人欲险"，欲望也可能是负担、累赘、陷阱。当一个人的贪婪过度、欲壑难填，什么都想要，什么都想争的时候，欲望带给他的就不是满足和成就，而是灾难了。

有这样一个故事：

从前，有一个穷人来森林里砍柴。他抡起斧子正准备砍一棵树，突然从树上跑下一只松鼠。松鼠对穷人说："你为什么要砍倒这棵树呀？"

"家里太穷了，没有柴烧。"

"你现在就回家去吧，明天你家里会有许多柴的。"说完，松鼠就跑了。

穷人回到家后，对他的妻子说："睡觉吧，明天家会有许多柴的。"

第二天，妻子起床出门，发现院子里真的有了大大的一堆柴，就叫丈夫："快来看，快来看，谁在咱们家院子里堆了这么一大堆柴？"

穷人把遇到了松鼠的经过告诉了妻子，妻子说："柴是有了，可是我们却没有吃的。你去找松鼠，让它给我们点吃的。"

穷人又回到森林里的那棵树下。这时，松鼠又跑来了，它问："你想要什么呀？"

穷人回答说："我的妻子让我对你说，我们家没有吃的了。"

"回去吧，明天你们会有许多吃的东西。"松鼠说完又走了。

穷人回到家，对妻子说："放心吧，明天家里会有许多食物的。"

第二天，他们果真发现家里出现了许多肉、鱼、甜食、水果、葡萄酒和想要的食物。

他们饱餐了一顿后，妻子对穷人说："快去找松鼠，让它送我们一个商店，商店里要有许许多多的东西，这样，往后我们的日子就舒服了。"

穷人又来到了森林里的那棵树下。松鼠跑来问他："你还想要什么？"

"我的妻子让我来找你，她请你送给我们一个商店，商店里的东西要应有尽有。她说，这样我们就可以舒舒服服地过日子了。"

松鼠说："回去吧，明天你们会有一个商店的。"

穷人回到家把经过告诉了妻子。

第二天他们醒来后，简直都不敢相信自己的眼睛了。家里到处都是好东西：布匹、纽扣、锅、戒指、镜子……真是应有尽有。妻子仔细地清理了这些东西以后，又对丈夫说："再去找松鼠，让它把我变成王后，把你变成国王。"

穷人回到森林里，他找到了松鼠，对它说："我的妻子让我来找你，让你把她变成王后，把我变成国王。"

松鼠冷冷地看了一眼穷人，说："回去吧，明天早上你会变成国王，你的妻子会变成王后的。"

穷人回到家，把松鼠的话告诉了妻子。第二天早上醒来，他们发现自己穿的是绫罗绸缎，吃的是山珍海味，周围还有着一大帮的侍臣奴仆。

可是，妻子仍不满足，她对穷人说："去，找松鼠去，让它把魔力给我，让它来宫殿，每天早上为我跳舞唱歌。"

穷人只好又去森林找松鼠，穷人说："松鼠，我的妻子想让你把魔力给她，她还让你每天早上去为她跳舞唱歌。"

松鼠愤怒地盯着他："回去等着吧！"

穷人回到家，他们高兴地等待着。第二天起床后，他们发现自己家里什么也没有了，又回到从前一样，而且他发现自己和妻子都变成了又丑又小的小矮人。

贪婪使穷人和他的妻子最后一无所有，而且还变成了小矮人。正所谓：欲而不知止，失其所以欲；有而不知足，失其所以有。如果人的欲望没有限度，最后会什么欲望也不能满足；如果有了还不知满足，最终都会失去原有的一切。

在物欲方面，凡是过分地追求和占有，都是贪欲，不仅造成心理的负担，也为自己带来痛苦。贪婪的人无论得到了多少，都无法满足，他们的欲望没有底线，一生都活在追逐之中。贪婪的人被无边无际的欲望所牵引，他们是欲望的奴隶，在贪欲的驱使下忙忙碌碌、斤斤计较，拥有再多也不能让他们快乐起来，因为他们总是还有想要而尚未得到的东西，毕竟谁也无法占有全世界。

很多时候，人因为贪婪常常会犯傻，什么蠢事都能干出来。所以我们一定要有自己的主见和辨别是非的能力，而不是被假象给迷惑。要适可而止，控制自己的欲望，始终把欲望控制在一个合理的范围内。

镜湖山是一个著名的旅游区，它之所以远近闻名，不是因为风景，而是因为游戏。游客在饱览山顶风光后，可以乘坐索道奔下一个峪口。但是在购票前，游客可以玩个游戏，大家有两种选择：一是直接乘索道前行，票价10元；二是先入另一个通道，然后再乘索道，在这个通道里会有一些闯关的项目，游客需要参加一种翻番奖励游戏，连过七关，奖励结果各关不同，全凭自己把握，票价15元。大部分游客都选择了后者，既然到了山顶，还差这5元钱？赌一次！

游客被带进一个封闭通道内，通道每次只能过一人，等前面的人先过去了后面的人才能继续接上。进入第一关时，游客会看见电子屏幕上的提示：现在，您已经获得了5元钱的奖励，如感到满足，您可以结束游戏，从侧边出去领取奖金。如果想要继续，可以往前挑战。游客心里想，不能白玩，继续。于是就进了第二关。第二关屏幕上提示：现在，您已经获得了10元钱的奖励，如感到满意，您可以结束游戏，从侧边出去领取奖金。游客想，接下来更刺激，再走。第三关，奖金成了20元。游客想，下一个定是40元了，继续下去会比较好……到了第六关，屏幕上写着：现在，您已经获得了320元钱的奖励，如感到满足，你可以结束游戏，从侧边出去领取奖金。大部分的游客想，我不过花费五元钱，损失了也没事，就快通关了，坚持就是胜利，下一关应当是640元了！

　　然而，当游客进入最后一关时，只见那里的负责剪票的工作人员，手中拿的是一个印有"欢迎下次光临"的牌子。这时想要退回去是不可以的，所以游客只好怀着一丝遗憾离去。最后从通道出来的是一位老者，只有他获得了奖金，因为他在第三关的时候领取了共20元的奖金，也就是说，他将免费乘索道，旅游区还要倒贴给他5元。其他游客笑问老者怎么没有再往前选取再高一点的奖金呢，哪怕是在第四关、第五关或者第六关，钱都会多一些。老者摇摇头说："当我到了第三关的时候，我就发现，这第三关的奖金已经让我赚了5元，这就够了。贪念是人间最可怕的东西，只有舍弃这个可怕的贪念，才能获得最后的胜利。"

　　无疑，故事中的老者是位智者，他能控制住自己的欲望。人有七情六欲，谁能没有欲望？关键在于如何把握。欲望一半是天使；另一半却是恶魔，做人的学问其实就是如何驾驭欲望这匹烈马。

　　其实，人人都有欲望，都想过美满幸福的生活，都希望丰衣足食，这是人之常情。但是，如果把这种欲望变成不正当的欲求，变成无止境的贪婪，那我们就无形中成了欲望的奴隶了。

在欲望的支配下，我们不得不为了权力，为了地位，为了金钱而削尖了脑袋向里钻。我们常常感到自己非常累，但是仍觉得不满足，因为在我们看来，很多人比自己的生活更富足，很多人的权力比自己大。所以我们别无出路，只能硬着头皮往前冲，在无奈中透支着体力、精力与生命。

扪心自问，这样的生活，能不累吗？被欲望沉沉地压着，能不精疲力竭吗？静下心来想一想，有什么目标真的非让我们实现不可，又有什么东西值得我们用宝贵的生命去换取？朋友，让我们斩除过多的欲望吧，将一切欲望减少再减少，从而让真实的欲求浮现。这样，你才会发现真实的、平淡的生活才是最快乐的。

一位哲人说过，生命是一团欲望，欲望不满足便痛苦，满足便无聊。人可以适度满足欲望和实现自我，但不能过度，要懂得回归，反观自照。所以，只有合理地控制自己的欲望，才会生活的幸福。

告别悲观，为人生获取新生机

悲观是一种常见的消极情绪。一般来说，容易悲观的人，处事谨慎，处处严格要求自己，小心翼翼不让自己出错出格，一旦发现自己行为有所闪失，就会害怕担心，这种人的高我非常突出，即使问题不大，也不会原谅自己，因此这种人心理负担会很重，不容易快乐，幸福感低下。科学家研究发现，如果一个人常常处于悲观的情绪之中，那么他在抱怨的时候神经细胞会不断分泌出让身体老化的神经化学元素，我们甚至可以说当一个人长期处于悲观和愤怒的状态时，那么无疑是在慢性自杀。

我国著名作家、哲学家周国平曾经说过这样一段话："悲观主义是一条绝路，冥思苦想人生的虚无，想一辈子也还是那么一回事，绝不会有柳暗花明的一天，反而窒息了生命的乐趣。"生活中，悲观的人认为希望就是地平线，即使看得见也永远无法到达，认为做得再多再好也不过镜花水月，因此他们感到绝望，抱怨命运的不公，甚至用怒火发泄心中的不满。其实，失败不仅仅关乎能力，更关乎心态。悲观是一杯自酿的苦酒，如果你选择悲观处事，那么这杯酒会一直出现在你的身边，让你无时无刻不感受到这份苦楚。

有一位男士出国旅游的时候，带回来一个华丽的杯子，他十分喜欢这个杯子，为此，他专门为了这个华丽的杯子定做了一个漂亮的座子，然后和杯子放在家里最显眼的位置上，想让来做客的人都欣赏到这个漂亮的杯子。

为了这个杯子，他可是煞费苦心，经常小心翼翼地擦拭它，以使它保持光亮。而且他还不让孩子接近这个杯子，生怕它被孩子在打闹的时候弄碎了。他也不让妻子接近，怕她在打扫卫生的时候把它摔坏。就这样，在家里，全家人都变得小心谨慎，家里失去了原来的欢声笑语。

有一天，这位男士自己擦拭杯子的时候，一失手，把杯子给摔坏了，他特别伤心。整天愁眉苦脸的。对任何事情都提不起兴趣来。因为他实在是太喜欢那个杯子了。就这样度过了很长时间，家里的气氛更压抑了。

当你被悲观情绪左右了心态时，会感到失意和落魄。悲观只会给人带来负面影响,而不会有丝毫的好处。悲伤，会打破我们原来平静的生活，给自己和他人增加无谓的烦恼。悲观的心态会摧毁人们的信心，使希望泯灭；悲观的心态就像一剂慢性毒药，吃后会让人意志消沉，失去前进的动力。所以，习惯于悲观看世界的人，要学会积极的自我暗示，引导自己发现生活中的美好。一个人只有拥有了乐观的人生态度，才能凡事往好处想，才能于困境中找到机遇和希望，才能有战胜各种困难的勇气和决心，赢得人生和事业的成功！

台湾著名作家柏杨先生曾说过："事物都有正反两个方面，如果在白纸与黑点面前缺乏识别能力，只注意黑点而忽略了整张白纸，那么，你的眼中就是一个黑色的世界，它逼你承受压抑、失望、焦虑和痛苦，怨天尤人、郁郁寡欢的心情就会替代原本属于你的快乐和幸福。如果你注意的是整张白纸而不是黑点，那么，你心灵的天空就必然洁白、明朗、宁静，烦恼和痛苦也就会离你而去……"可见，性格悲观的人总盯着黑点，自然看不到光明的世界。那些终日被烦恼所困扰的人，不是看不到另外的世界，就是感受不到幸福的存在。其实，好也罢，坏也罢，只要你善于换一个角度看问题，别老盯着自己的痛处，烦恼也就会烟消云散。

有一位智者说过："生性乐观的人，懂得在逆境中找到光明；生性悲观的人，却常因愚蠢的叹气，而把光明给吹熄了。当你懂得生活的乐趣，就能享受生命带来的喜悦。"乐观的人，凡事都往好处想，以欢喜的心想欢喜的事，自然成就欢喜的人生；悲观的人，凡事都朝坏处想，越想越苦，终成烦恼的人生。世间事都在自己的一念之间。我们的想法可以想出天堂，也可以想出地狱。

　　世间许多事情本身并无所谓好坏，全在于你怎么看。很多时候我们之所以感到生活枯燥乏味，是因为我们的心态是枯燥乏味的。如果想使生活变得有滋有味，就要改变心态——变悲观心态为积极心态。只有这样，我们才能改变自己的生活。

　　杨强是一个中型企业的总裁，在他即将退休的时候，他在一次体检的时候检查出得胃癌。他特别伤心，以至于病情急剧恶化，只好住进医院，他的家人为他找到了当地最好的胃病专家，专家一致认为他应该住院接受治疗，放弃工作。从此，他就整天在医院里吃药，输液，而且食物也有严格的限制，许多美味的东西都无法再吃。这种情况一直持续了好几个月，杨强觉得自己像一个只会吃药等死的废物一样，毫无生机。

　　有一天，病床边上一个得胃癌的老人去世了，杨强突然意识到，自己的生活不能够在这样悲观下去了。如果他每天的生活除了等死再没有别的，那还不如好好利用剩下的这些宝贵时间，做一些有意义的事情，反正怎么都会死，不如选择一个自己高兴的事情去做。

　　就这样，杨强坚持出院了，出院之后，他决定带着妻子去他们年轻时一直计划去的地方转转，完成年轻时梦想，因为这些年，一直以工作忙当做借口往后拖这件事。正好现在有时间了，就出去看看这个世界。

　　杨强这一走不要紧，一走就是一年多。杨强出去之后，觉得自己的生活不应该这么萎靡下去，应该去更多的地方感受不同的生活。就这样，他带着妻子，走了更多的地方，在许多地方都留下了他们的欢声笑语。在这个过程当中，杨强似乎也忘记了自己的疾病。

在这一路上，他专心享受着自己最后的时光，渐渐地，他不再吃药，而且疼痛的次数也在减少。等他一年多以后回到家里去医院检查的时候，奇迹发生了，他的病情非但没有恶化，还有了好转。他十分开心，决定抱着这样一个积极的心态继续活下去。

叔本华曾说："事物的本身并不影响人，人们只受对事物看法的影响。"的确如此，否则为什么同样的事物会带给乐观者和悲观者完全不同的影响呢？并不是事物影响了我们，而是我们被自己对事物的看法限制住了。悲观的人为世界寻找消极的解释，于是他只能看到消极的世界，而同样的处境，心态积极的人却能从中看出灿烂和光明。

世上的每个人、每件物品、每件事，我们都能从积极和消极两方面进行的解释，并得出截然相反的结论。我们看到世界是什么样子，只取决于我们认为它是什么样子。如果你的心是明媚的，世界也会是明媚的。我们生活在同一个社会，环境其实也大致相似，有的人认为世界冰冷而苛刻，有的人却感觉世界仍有许多美好，其中的差异，只在于他们不同的心态。

如果你认为世界是不幸的，你就只会看到世上的不幸，或许你也向往幸福，但你观察世界的方式实际上是在寻找不幸。相对地，如果你抱着从每一个角落寻找乐趣想法，你的生活就会是精彩而有趣的。保持积极乐观的心态，就等于是用一双专门寻找美，寻找乐趣的眼睛去观察世界。

远离猜疑，才会有健康的情绪

人在社会生活中与别人相互交往，由于自身的或外来的原因，很有可能对人产生猜疑。它好似一条无形的绳索，会捆绑我们的思路，使我们远离朋友。如果猜疑心过重的话，就会因一些可能根本没有或不会发生的事而忧愁烦恼、郁郁寡欢。猜疑者常常嫉妒心重，比较狭隘，因而不能更好地与人交流，其结果可能是无法结交到朋友，变得孤独寂寞，对身心健康都有危害。

林美婷是一个成绩十分优秀的学生，是老师的得意门生，家长更是将她看作掌上明珠，以她的成绩自豪。

一次平时的英语测试中，她考了85分，虽然满分是100分，但是这对于成绩一向优异的她而言，简直就是晴空霹雳。她悲伤、自责、焦虑、痛苦，她觉得自己已经没脸见人，以至于有位同学对她开了一个小玩笑，她居然认为是在讥讽她。

她的世界仿佛变成了灰色，她觉得自从自己没有考好之后，平日里和蔼可亲的老师、以自己为傲的父母以及亲密友爱的小伙伴们都对她另眼相看，对她不再友善了。她变得敏感而又多疑，仿佛从别人的眼神中都读到了一个相同的信息，那就是：大家都瞧不起她，鄙视她，大家都不再喜欢她。

就在这样的幻想猜疑中，她最后终于压抑不住自己的痛苦悲伤，写了一封悲苦的遗书，之后就从17楼跳了下来，永远地离开了这个世界。

林美婷觉得大家对她失望，不再喜欢她，不会再对她友善了，因此她觉得自己的天都要塌了。事实上真的如此吗？

其实那些不过是她一厢情愿的想法罢了，是没有经过验证的想法，不过只是空穴来风而已。后来采访的时候，她的老师是这样说的："林美婷是我最喜欢的孩子之一，她聪明，善良，以后一定会是个很有前途的人，可惜她就这样走了……"之后便呜呜地哭着，连话也说不出来。

上例中的林美婷只是因为自己的胡乱猜测和幻想就选择结束自己的生命，真是可怜又可悲。从心理学上讲，猜疑心理是一种由主观推测而对他人产生不信任感的复杂情绪体验。猜疑心重的人往往整天疑心重重、无中生有，每每看到别人议论什么，就认为人家是在讲自己的坏话。猜忌成癖的人，往往捕风捉影，节外生枝，说三道四，挑起事端，其结果只能是自寻烦恼，害人害己。

猜疑是一个可怕的心理误区，因为猜疑会破坏人与人之间最宝贵的东西——信任，引起对方的反感和抵触，这就暗藏着彼此关系破裂的危险。它像一片阴暗的沼泽地，使人越陷越深，甚至失去理智。猜疑会增加思想压力，打破心理平衡，使人陷入惴惴不安之中，天长日久可以导致心理崩溃。

猜疑心理是人际关系的蛀虫，既损害正常的人际交往，又影响个人的身心健康。自古以来不知有多少人因为猜疑疏远了朋友，中断了友谊，甚至毁掉事业。

东汉末年，曹操在洛阳刺杀奸贼董卓未遂而逃离洛阳，路经中牟县，当时的中牟县令陈宫感其忠义，从其而逃，两人来到大吕村时，已经是夜幕降临，曹操就和陈宫投奔居住在这里的吕伯奢。吕伯奢是曹操的义叔，非常热情，他说，家中没有好酒，容往西村沽酒一樽来相待，说完，匆匆上驴而去。曹操和陈宫坐在屋里等了一会儿，听见有人说，捆住之后再杀，如何？曹操就怀疑吕伯奢要杀自己，就说，今若不先下手，必定要遭其擒获。就和陈宫拔剑冲过去，不问男女，见人就杀，连杀了8个人，搜到厨房，见到一头猪被捆而欲杀，这才明白吕家是要杀猪款待他俩。陈宫悔恨地说，孟德多心，误杀好人！曹操拉着陈宫急忙出庄上马而行，刚走了两里多路，见吕伯奢骑驴带着两瓶好酒和许多果菜回来了，看到曹操和陈宫两人，他笑着叫道，贤侄为什么要匆忙离去？我已经吩咐家里人宰一头猪款待你们！曹操也不说话，策马就走，走了几步，忽然拔剑回身，对吕伯奢说，那边来的是谁？吕伯奢回头看时，曹操挥剑把吕伯奢砍杀于驴下。陈宫惊叫道，刚才我们已经错杀了8个人，你为什么又杀了你的义叔？曹操说，吕伯奢到家，必将大怒而追杀我们，不如及早杀之。陈宫因此认定曹操是不义之人，于是离他而去。

曹操是一个生性多疑的人，"宁我负人，毋人负我"，每个人他都不相信，因此很多能人都离他远去，就是吃了猜疑的亏，猜疑实在是害己又殃人。

猜疑是人性的弱点之一，历来是害人害己的祸根，是卑鄙灵魂的伙伴。培根曾说过："猜疑之心犹如蝙蝠，它总是在黄昏中起飞。这种心情是迷惑人的，又是乱人心智的。它能使你陷入迷惘、混淆敌友，从而破坏你的事业。"。一个人一旦掉进猜疑的陷阱，必定处处神经过敏，事事捕风捉影，对他人失去信任，对自己也同样心生疑窦，损害正常的人际关系。因此，在生活和工作中，我们要减少猜疑，学会信任别人。少一份猜疑，多一份信任，成功的道路就会在你的脚下。

第三章 一开口就讨人喜欢

——情商高就是会说话

说话要投其所好，寻找对方感兴趣的话题

在人际交往中，我们怎样做才最能打动人心呢？最佳的方法莫过于投其所好了。谈论对方感兴趣的事物，他会认为我们是一个善解人意的人，从而对我们产生好感。著名口才大师卡耐基说："即使你喜欢吃香蕉、三明治，但是你不能用这些东西去钓鱼，因为鱼并不喜欢它们。你想钓到鱼，必须下鱼饵才行。"情商高的人在与他人说话的时候，懂得迎合别人的嗜好，这样能让对方感觉到受重视、受尊重。

投其所好是高情商的人说话的一个技巧。通过谈论对方感兴趣的话题，是为了与对方找到共同话题，为自己后来要说的话做铺垫。只要双方有话可谈，再不失时机地进行适当的赞美，对就会对你产生好感。

查尔斯先生在纽约一家大银行供职。他奉命写一篇有关某公司的机密报告。他只知道有一家工业公司的董事长拥有他需要的资料。查尔斯便去拜访这位董事长。当他走进办公室时，一位女秘书从另一扇门中探出头来对董事长说，今天没有什么邮票。"我替儿子收集邮票。"董事长对查尔斯解释。那次谈话没有结果，董事长不愿意提供任何资料。查尔斯回来后感到十分沮丧。然而幸运的是，他记住了那位女秘书和董事长所说的话。第二天他又去了。让人传话进去说，他要送给董事长的儿子一些邮票。董事长高兴极了，用

查尔斯的原话说："即使竞选国会委员也没有这样热诚！他紧握我的手，满脸笑容。'噢，乔治！他一定喜欢这张。瞧这张，乔治准把它当作无价之宝！'董事长连连赞叹，一面抚弄着那些邮票。整整一个小时，我们谈论着邮票。奇迹出现了：没等我提醒他，他就把我需要的资料全都告诉了我。不仅如此，他还打电话找人来，把一些事实、数据、报告、信件全部提供给我。出门我便想起一句一个新闻记者常说的话：此行大有收获！"查尔斯满载而归。他并没有发现什么新的真理，远在耶稣出生的一百年前，著名的老罗马诗人西拉斯就已说过："你对别人感兴趣，是在别人对你感兴趣的时候。"

投其所好，谈论别人感兴趣的话题，常常可以把两个人的情感紧紧地连在一起，而且还是打破僵局，缩短交往距离的良策。

每个人都有自己在意或者热衷的事情。在与人交谈的时候，高情商的人会找对方感兴趣的事或物交谈，使谈话的气氛友好而和谐，而情商低的人则对自己感兴趣的事情或自己的爱好大肆吹嘘，使对方感觉到谈话乏味无聊，当然不同的谈话形式带来的结果也不会相同。

一个人若想赢得他人的赞许，打动他人的心，最佳的方式是投其所好，即迎合他人的兴趣。这就要求我们必须首先了解他人。

了解他人，主要是了解对方的价值取向和兴趣点，就是了解对方对什么事情最关心、最有兴趣。一件事对某个人来说很重要，但对另一个人来说却未必重要，也许是小事一桩，甚至不值一提。如果你不了解对方的兴趣点，只顾自己自说自话，根本就引不起他的兴致，这就起不到沟通的作用。所以，你一定要了解他人的兴趣点，必须把对方认为重要的事情摆在如同他对你一样重要的位置。你关心他的兴趣所在，这体现出你对他的了解和理解。

曾经拜访过罗斯福的人，都会惊叹他的博学。不论你是什么职业、什么阶层的人，他都能针对你的特长侃侃而谈。其实这个道理很简单，当罗斯福知道访客的特殊兴趣后，他会预先研读这方面的资料以作为话题。因为罗斯福知道，打动人心的最佳方法，就是谈论对方所感兴趣的事情。

王富强是广东一家民营房地产公司的董事长，在创业之初，由于人们对私营企业的偏见，他们的发展遇到很大的困难，各种批文很难拿到，严重制约了公司的发展。在一次谈到创业经历时，他说：

"在多次拜访国土局某局长失败后，我想再这样做，我将永远失败，在研究了人际关系并反复思考后，我想我应该找出对方喜欢的东西，来一个'投其所好'。"

"一天，我又到局长那里拜访。这一次，我学会了观察，我有了新的发现——局长办公座位上方有一幅巨大合影。上面，局长同余秋雨先生坐在沙发上开心地笑着。于是我对他说：'孙局，我一直想请余秋雨先生帮我签个名，但从未如愿，我听说，您跟余先生关系非常好，您怎么会跟他那么铁？'这一问有立竿见影的效果，孙局长的脸色马上变亮了。"

"这也没有什么了，我本人很喜欢文学，很多年前，余秋雨还没有成名前，我们就是朋友……"。

接着，王富强又"小心翼翼"、"轻描淡写"的向孙局长提出自己与王蒙先生有很深交情，超过他的预想，孙局长马上说："有时间，你请他到深圳来，我来'埋单'。"

关于这个话题，他们谈了足足两个小时，离开时，王富强带着已批过的申请报告和局长对他工作更多支持的承诺。

现在，孙局长早已离休了，但他们仍然是很好的朋友。

一次谈话，不仅达成了自己的目的，而且还与对方成为了朋友。上例中王富强的成功之处就在于发现了对方的兴趣爱好，找到了与对方说话的共鸣点。所以说，要使对方喜欢你，原则上是要拿对方感兴趣之事当话题，让他感觉到自己的重要。在满足对方的自尊心之后，很多事情都迎刃而解了。

古人说："话不投机半句多"，只要抓住了对方的兴趣，投其所好，不仅不会"半句多"，而且会千句万句也嫌少，越谈越投机，越谈越相好。美国纽约银行家杜威先生说道："我仔细研究过有关人际关系的丛书，发现必须改变策略，我决定去找出这个人的兴趣，想办法激起他的热忱。"所以，如果你希望别人喜欢你，就要抓住其中的诀窍：了解对方的兴趣，针对他所喜欢的话题与他聊天。

一句赞美，胜过百句奉承

美国的管理学家玫琳·凯说："赞美是一种有效而且不可思议的力量。"在人际交往中，如果你能恰当赞美别人，就一定会给别人留下深刻的印象，并会从中获益良多。可以说，赞美是增进彼此关系的有效润滑剂，也是成本最少的投资。

在生活中，几乎每个人都希望获得赞美。当一个人受到别人真诚的赞美时，就会产生积极的心理效应，如性格会变得活泼、热情、积极、乐观，愿意与人接近等。而我们则可以利用人们的这种心理，在谈话中多赞美对方，这样就能够收到比较好的效果。

有一天，一位很有经验的心理医生去超市买东西，在结账的时候，发现面前的这位收银小姐长得十分漂亮，却总是对顾客摆出一副冷冰冰的面孔，而且始终眉头紧皱，似乎很不耐烦的表情，顾客跟她打招呼向她问问题，她也是爱答不理的。

这位心理医生便决定悄悄帮助她克服这种爱答不理的坏毛病。回家后，他左思右想，终于想出一个好办法。

他已经提前偷偷记住了她胸卡上面的名字，于是给她写了一封热情洋溢、措辞优美的感谢信寄到了超市。在信上，他这样写道："你好！我是一位身患重症的老人，每次来到超市，看到你脸上绽放出的甜美的笑容，我就觉得自己的病减轻了不少。是你的笑容让我感觉到阳光的温暖和生活的美好。真心地谢谢你！也祝愿你能够永葆笑颜，为每一个顾客带去快乐。"

这位小姐自从接到这封来信后，心里受到了信中赞美之辞的诱导，服务态度跟以前大不一样。不知不觉中，克服了自己长久以来对客户不理不睬、不爱笑不开口的毛病。

到了年底的时候，心理医生特地又去了那家超市，检查自己的成效。他发现这位小姐的照片被贴在了超市的"光荣榜"上，照片上的她真如信上所描述的那样，笑容甜美，使人一看就觉得阳光普照、心情愉悦。

赞美之所以对人的行为能产生深刻影响，是因为它满足了人的自尊心的需要。赞美是对个人自我行为的反馈，它能给人带来满意和愉快的情绪，给人以鼓励和信心，让人保持这种行为，继续努力。

在现实生活中，不管是小孩儿还是大人，不管是青年还是老人，不管是平凡的人还是伟大的人，都渴望受人尊重，被人赞扬。每个人都希望自己受到同事、上级、家人的认可和称赞，获得荣誉和赞赏对每个人来说都是件高兴的事。如果几句话就能给人们带来这样的满足，我们为什么不这样做呢？

莎士比亚曾经这样说过："赞美是照在人心灵上的阳光。没有阳光，我们就不能生长。"赞美作为一种与他人社交的技巧，其可谓是具有神奇的魔力，它不但可以消除人际间的龃龉和怨恨，满足人的虚荣心，还可以轻易说服对方接受你的观点，有时甚至足以改变一个人的一生。

赞美是成功人际交往的一种重要能力。在与人共事时，在求人办事时，不妨多说几句赞美的话、表扬的话，这样就能给对方留下良好的印象，就会点燃双方友谊的火焰，使你受益匪浅。

有位叫小金的朋友，她认识许多学术界的泰斗，并能常常得到他们的指点。问及他们之间的相识，是缘于赞美运用的得法。因为有很多人也曾拜访过这些大师，但往往谈不上几句便无话可说，被匆匆"赶"了出来，而他竟成为大师们的座上客，其中的奥秘自不待言。

作为准备在学术领域有所建树的小金，自然也很仰慕这些大师，她得知拜访这些人不易，每当第一次拜访某专家时，便先将这个人的专著或特长仔细研究一番，并写下自己的心得。见面之后，先赞扬其专著和学术成果，并提出自己的想法。由于她谈的正是大师毕生致力于其中的领域，自然也就能激起大师的兴趣，谈话双方有了共同话题。谈话中，小金又不失时机地提出自己不理解的地方，请求大师指点，在兴奋之际，大师自然不吝赐教，于是小金既达到了结交的目的，又增长了许多见识，并解决了心中存在的疑惑，可谓一举多得。

这里，小金成功的秘诀就在她有求于人时，巧妙地运用了赞语。自己所称赞的，正是对方引以为豪并最感兴趣的，自然使对方高兴，使其心理得到满足，此时，小金的问题也就不成为问题。

俗话说"良言一句三冬暖"，人一旦被认定其价值时，总会喜不自胜，在此基础上，你再提出自己的请求，对方自然就会爽快地答应下来。心理学家证实：心理上的亲和，是别人接受你意见的开始，也是转变态度的开始。由此可知，求助者要想在求人办事过程中取得成功，一个行之有效的方法就是给予其真诚的赞美。赞美别人是一种有效的情感投资，而且投入少，回报大，是一种非常符合经济原则的行为方式。

赞美之于人心，如阳光之于万物。在我们的生活中，人人需要赞美，人人喜欢赞美。这次不是虚荣心的表现，而是渴求上进，寻求理解、支持与鼓励的表现。美国著名心理学家威廉·詹姆斯说："人类本性上最深的企图之一是期望被赞美、钦佩、尊重。"巧妙赞美别人，不仅会赢得对方的尊重，还会提高你在别人心目中的地位。只要是优点、是长处，对别人没有害处，你就可以毫无顾忌地表示你的赞美之情。

赞美是人生路上的加油站，运用得当也许可以改变你一生的命运。所以，请赞美你身边的每一个人。不管他们是好是坏，是贫是富，都要去发现他们的优点，并赞美他们的优点。赠人玫瑰，手留余香！赠送赞美的花，不仅他人将得到信心而进步且瞬间获得他人的好感，你也将会得到人生中最宝贵的财富！

在生活中，如果你乐意而且懂得衷心地表扬他人，那么你就能够更好地激励周围的人，你也就成了最讨人喜欢、最受欢迎的人。

不能直说的话，不妨拐个弯

在语言表达中，有的时候直来直去地说话并不能取得很好的效果，而是需要采取"迂回"的手段来达到说话的最终目的。对于不宜直言的问题，绕个弯儿说话，有时会让自己化险为夷，起到意想不到的效果。善于运用此法的人，既不得罪人，又达到了自己的目的，可谓是沟通的大智慧。

南朝齐代有个著名的书画家叫王僧虔，是晋代王羲之的四世族孙，他的一手隶书写得如行云流水般飘逸。

当朝皇上齐高帝萧道成也是一个翰墨高手，而且自命不凡，不乐意听别人说自己的书法低于臣子，王僧虔因此很受拘束，不敢显露才能。

一天，齐高帝萧道成提出要和王僧虔比试书法高低。于是君臣二人都认真写完了一幅字。写毕，齐高帝萧道成傲然问王僧虔："你说，谁为第一，谁为第二？"

若是一般的大臣，当然立即回答说："陛下第一"或"臣不如也。"但王僧虔也不愿贬低自己，明明自己的书法高于皇帝，为什么要作违心地回答呢？但他又不敢得罪皇帝，怎么办？王僧虔眼珠子一转，竟说出一句流传千古的绝妙答词："臣书，臣中第一；陛下书，帝中第一"。

他巧妙地把臣子与帝的书法比赛分为两组，即"臣组"和"帝组"，并对之加以评比，既给皇帝戴了一顶高帽子，说他的书法是"皇帝中的第一"，满足了皇帝的冠军欲，又维护了他自己的荣誉和品格，使皇帝更敬重他的风骨，觉得他不是那种专门拍马屁的家伙。

果真，齐高帝萧道成听了，哈哈大笑，也不再追问两人到底谁为第一了。

为了达到谈话的目的，有时需要绕一定的路才可以起到作用。人们常用的"以迂为直"策略，在许多正面强攻不下的情况下，不失为一种灵活有效的办法。因为它结合明确的目的性与战术的灵活性，避开对方的"地雷区"，进攻的路线又带有隐蔽性，并符合对方的心理需求，所以容易在对方成备不严的情况下，逐步使其不知不觉地接受自己的观点。

很多时候，直爽、坦诚，虽然不是为一种优点。但如果说话过于直接，任何情况下都实话实说，常常会得罪人，让自己成为不受欢迎的人。生活中，有些人快人快语，有什么说什么，口无禁忌，嘴无遮拦，不分场合，不看谈话对象，一律口对着心，心里想什么就说什么，这是语言的大忌。

《论语·雍也》说："质胜文则野，文胜质则史，文质彬彬,然后君子。"意思是说:"质朴胜过了文饰就会粗野,文饰胜过了质朴就会虚浮,质朴和文饰比例恰当,然后才可以成为君子。"这段话告诉我们这样一个道理:为人过于直率,说话过于直爽,就显得粗俗野蛮。所以,不讲究方式的直言快语,往往会带来不良的后果。

　　大学宿舍有个姐妹的男朋友身高不是很理想。有一天,此姐妹突然提起她想织围巾,问应该买多少捆毛线。另一姐妹答道:"一般女生一捆就有多了,男生的话,有点不太够,不过给你的男朋友一捆的话绝对够了!"话刚出口,这姐妹顿悟自己说漏嘴了,又急忙解释道:"啊,我不是这个意思啦,我真的不是那个意思啦,我说话太直了……"虽她一个劲儿地道歉,可是对方还是不高兴,因为她已经伤害了人家。这就是说话太直惹的祸!

　　如果说话太直了,好多话被你说出来后就显得露骨,好像是在训斥别人,容易把别人伤害。说话太直的人,一般情商比较低,这种人说话都是没有经过思考或者没有想到别人会在乎她说的话,往往已经让别人有了一些想法他们自己还不知道。

　　直言不讳刺激性大,容易伤害对方的自尊,得罪人,造成许多矛盾;委婉的话有礼貌,比较得体,听了轻松自在,愉快舒畅。"良言一句三冬暖,恶语伤人六月寒"。同是讲真话,委婉语大概属于"良言",直言不讳的话虽不一定算是恶语,但在某些人听来很逆耳,跟恶语差不多。我们提倡忠言不可逆耳,理直不可气壮。就是说,"忠言"和"理直"都要注意用恰当的方式表达,不可图说话痛快。

从前，英国有个倒卖香烟的商人到法国做生意。有一天，而他在巴黎的一个集市的台子上滔滔不绝地大谈抽烟的好处。突然间，从听众中走出来一位老人，连声招呼也不打，就走到台上非要讲一讲不可。那位商人毫无精神准备，不禁吃了一惊。

于是老人在台上站定后，便大声说道："女士们，先生们，对于抽烟的好处，除了这位先生讲的以外，还有三大好处哩！我不妨讲给大家听听。"

英国商人一听见老人说的这话，转惊为喜，连忙向老人道谢："谢谢您了，老先生。我看您的相貌不凡，说话动听，肯定是位学识渊博的老人，请您把抽烟的三大好处当众讲讲吧！"

老人微微一笑，立刻讲起来："第一，狗见到抽烟的人就害怕，就逃跑。"台下的人很是莫名其妙，商人则暗暗高兴。"第二，小偷不敢到抽烟人家里去偷东西。"台下的人连连称怪，商人则喜形于色。"第三，抽烟者永远年轻。"台下的一片轰动，商人则满面春风，得意洋洋。

然后老人把手一握，说："女士们，先生们，请安静，我还没说清楚为啥会有这样三大好处呢！"商人格外高兴地说："老先生，请您快讲呀！""第一，在抽烟的人中驼背的多，狗一看到他们以为拾石头打它哩，它能不害怕吗？"台下的人发出了笑声，商人则吓了一跳。"第二，抽烟的人夜里爱咳嗽，小偷以为他没有睡着，所以不敢去偷东西。"台下的人一阵大笑，商人则大汗直冒。"第三，抽烟的人很少有长寿的，所以永远年轻。"台下的人一片哗然。

此时，大家一看不知什么时候倒卖香烟的商人已经溜走了。

一位哲学家曾经说过："只有懂得绕弯子的人，才有可能是达到光辉顶点的人。"说话绕绕弯子，就犹如在"良药"外面包了一层糖衣。糖衣不会降低良药的威力，绕弯子也不会减弱你的语言魅力。旁敲侧击，绕绕弯子，让别人不知不觉地认同你的观点，正是情商的最高境界之一！

见什么人说什么话，瞅准对象说好话

每个人所处的地位不同，对同一事物的理解也千差万别，因此在言语交际中，应针对不同的环境、对象作出判断，掌握必要的谈话方式以加强谈话的效果。根据说话对象的不同特点说相宜的话，是建立和谐人际关系不能缺少的说话技巧。

俗话说得好："见什么人说什么话。" 情商高的人说话因人而异，看碟下菜。这是说话的一个技巧，也是一个原则。生活中，每个人的身份、职业、经历、文化教养、思想、性格、处境、心情等都不相同，情商高的人要针对不同对象和对象的不同情况，采取不同的策略，用不同的言语表达，这样才能达到有效的说话的目的。

一天，孔子带着他的几名学生出外讲学、游览，一路上十分辛苦。这天，孔子一行人来到一个村庄，他们在一片树荫下休息，正准备吃点干粮、喝点水，不料，孔子的马挣脱了缰绳，跑到庄稼地里去啃人家的麦苗。一个农夫上前抓住马嚼子，将马扣下了。

子贡是孔子最得意的学生之一，一贯能言善辩。他凭着不凡的口才，自告奋勇地上前去企图说服那个农夫，争取和解。可是，他说话文绉绉，满口之乎者也，天上地下，将大道理讲了一串又一串，尽管费尽口舌，可农夫就是听不进去。

有一位刚刚跟随孔子不久的新学生，论学识、才干远不如子贡。当他看到子贡与农夫僵持不下的情景时，便对孔子说："老师，请让我去试试看。"

于是他走到农夫面前，笑着对农夫说："你并不是在遥远的东海种田，我们也不是在遥远的西海耕地，我们彼此靠得很近，相隔不远，我的马怎么可能不吃你的庄稼呢？再说了，说不定哪天你的牛也会吃掉我的庄稼哩，你说是不是？我们该彼此谅解才是。"

农夫听了这番话，觉得很在理，便没有了责怪的意思，于是将马还给了孔子。旁边几个农夫也互相议论说："像这样说话才算有口才，哪像刚才那个人，说话不中听。"

可见，说话要看对象，否则，你再能言善辩，别人不买你的账也是白搭。说话要看对象，即要针对不同的人，说不同的话，这样才能有利于创造一种和谐、融洽的气氛。

生活中，人是各种各样的，他们的心理特点、脾气秉性、语言习惯也各不相同，由于这个缘故，就决定了他们对语言信息的要求是不同的。所以，在与人交谈时，情商高的人不会用统一的说话方式来交流。与不同的对象谈话，就要采用不同的谈话方式，"见什么人说什么话，到什么山头唱什么歌"。

在日常说话中，我们要注意以下几点：

1. 说话要根据文化知识的不同而有所差异。文化水平较的人与文化水平相对较低的人说话，应尽量使用浅显易懂的语言，让对方能够听得明白。而与文化水平相对较高的人谈话，说话时则需要讲究一点语言的修饰，可适当的使用较为正式的谈话方式。

2. 说话应根据说话人的身份地位而有所讲究。在一起谈话的人，往往会由着身份、地位的差别，此时说话就不应太过随便，根据对方的身份、地位适当的说出自己的见解。要三思后才开口，切忌直言不讳。

3. 说话要根据双方关系的不同而所有区别。一般来说，说话人与听话人之间一般有平等、上下、疏密、亲朋等不同关系，所以话语的多少、话语的亲密程度都要所有区别，这样才能使得与谈话人之间有着轻松的谈话氛围。

委婉含蓄，是说话的法宝

委婉是一种既温和婉转又能清晰明确地表达思想的谈话艺术，是运用迂回曲折的语言含蓄地表达本意的方法。说话者特意说些与本意相关的话语，以表达本来要直说的意思。这是语言交际中的一种缓冲方法，它能使本来也许困难的交往，变得顺利起来，让听者（或观众）在比较舒适的氛围中领悟本意。

一般而言，委婉常常用来规劝他人或者向他人提出意见，这样可以避免直接叙述给对方造成伤害而产生抵触情绪，也能让对方在愉快的气氛中接受我们的建议，最终达成一致的共识。有时候，考虑到对方的面子和自尊心，我们对对方的所作所为都不敢直接提出意见，这时就可以采取委婉的方式来表达。

一天傍晚，正逢下班高峰期，公交车上拥挤不堪，而这时又上来一位抱小孩的妇女。林女士像往常一样对乘客喊道："哪位同志给这位抱小孩的女同志让个座？谢谢了。"也许是太拥挤了，她连喊两次，仍无人响应。

林女士就站起来，用期待的目光看了看靠在窗口处的几位青年乘客，提高嗓音说："抱小孩的女同志，请您往里走，靠窗口坐的几位小伙子都想给您让座儿，可您得先过去。"

话音刚落，"呼啦"一声，几位小伙子都不约而同地站了起来让座。这位女同志坐下之后，只顾喘气定神，忘记对让座的小伙子道谢，小青年面有冷色。

林女士看在眼里，心里顿时明白，她忙中偷闲，逗着小孩说："小朋友，叔叔给你让个座儿，你还不谢谢叔叔。"一语提醒了那位妇女，连忙拉着孩子说："快，谢谢叔叔。"那位小青年听到小孩道谢，忙笑着说："不客气，不客气。"

有时直接说出自己的意见不见得别人会接受，碰钉子的情况也就在所难免了，但委婉曲折地说出来，往往能收到意想不到的好结果。在这方面，林女士可谓是高手，试想如果林女士在请人让座时说："那么大小伙子一点也不自觉！没看到别人抱着小孩吗？"此种口气不引起一阵争吵才怪。或是在劝抱小孩的妇女应及时道谢时说："别人给你让座，你也不知道说谢谢。"后果当然也不会好到哪里去。所以说，委婉含蓄的表达比口无遮拦、直截了当地说更有说服效果。

说话含蓄，是一种艺术。言有尽而意无穷，余意尽在不言中。把重要的该说的部分故意隐藏起来，或说得不显露，却又能让人明白自己的意思，这就是所谓"只可意会，不可言传"。所以含蓄是说话的艺术，因为它体现了说话者驾驭语言的技巧。

不便直说的话往往是由说话的场合、说话者的身份、说话者的心理状况等决定的。如在古代，臣子看到君王有过失，进谏时，就很注意说话的含蓄。因为君王十分讲究保持至高无上的尊严，如果大臣有损"龙颜"，是要掉脑袋的。

传说汉武帝晚年时很希望自己长生不老，一天，他对侍臣东方朔说："相书上说，一个人鼻子下面的'人中'越长，命就越长。'人中'长一寸，能活百岁。不知是真是假。"

东方朔听了这话，知道皇上又在做长生不老梦了。皇上见东方朔似有讥讽之意，面有不悦之色，喝道："你怎么敢笑话我？"

东方朔回答说："我在笑彭祖的脸太难看了。"

汉武帝问："你为什么笑彭祖呢？"

东方朔说："据说彭祖活了800岁，如果真像皇上刚才说的，'人中'就有8寸长，那么，他的脸不是有丈把长吗？"

汉武帝听了，也哈哈大笑起来。

东方朔是聪明的，他用笑彭祖的办法来讥讽汉武帝的荒唐，颇有些指桑骂槐的味道。这种含蓄的批评，汉武帝却是愉快地接受了。

一条弯弯曲曲的小径比一览无余的大道更能令人愉快一些，"委婉含蓄"要比"竹筒倒豆子——一吐无余"要高明得多。

面对某件事情不便直接陈述自己的观点，而是拐弯抹角地绕过主题，用婉约含蓄的方式表达出来。这样，既不伤害对方的自尊心，又能清楚地表达自己的意思，使自己的说话形象显得更高明。

战国时，齐威王为了抵抗楚国的进攻，派淳于髡到赵国请求支援。临走时，齐威王为他准备了一百两金子，十辆配有四匹马的车子作为礼物送给赵国。淳于髡一看，仰天大笑。

齐威王问："你是不是嫌我备的礼物太少？"

淳于髡说："我不敢说礼物太少。"

"那你笑什么？"齐威王问。

淳于髡说："我今天碰见一个种田人，他在路旁放了一个猪蹄、一盅酒，在那里祈祷五谷丰登，粮食满仓。他就那么一点供品，却想得到那么大的好处，所以我感到可笑。"

齐威王听了，马上把礼品增加到"黄金百镒、白玉十双、车马百驷"。淳于髡拿着这些礼品去了赵国，圆满地完成了请兵支援的使命。

在语言的表达艺术中，委婉含蓄的表达比直截了当地说更能体现一个人的情商高低。直言不讳、开门见山虽然简单明了，但刺激性大，容易使别人的自尊心受到伤害。所以，在与人交谈的时候，委婉含蓄的语言是法宝，又能适应人们的心理上的自尊感，容易产生赞同。

适时地自嘲，这是一种智慧

记得有一位名人说过：幽默有三个阶梯，上了第一个台阶的人是听别人说笑话的时候会发笑，这种人具有了最初层次的幽默感；上了第二个阶梯的人是自己能够来一点幽默，使别人听了他说话后感到好笑，这种人就具有了不错的幽默感；上了第三个阶梯的人则是能够拿自己来幽默一番——自嘲，这种人就达到了高品位的幽默。

所谓"自嘲"，顾名思义，就是运用嘲讽的语言和语气，自己戏弄自己，贬低、嘲笑自己。直言直语嘲笑别人是不礼貌的，用幽默的方式嘲笑别人也难免会让人难过，而能用幽默的语言嘲笑自己却是豁达、智慧的表现。自嘲是要将自己的缺点巧妙地引申、发挥，自圆其说，博人一笑。因此，自嘲者必定是智者中的智者，只有智者才不惧暴露缺点，只有智者才有能力将缺点说出幽默的意味。

被誉为"宝岛十大才子"的台湾著名作家林清玄曾应邀到河北某学院作演讲。会场上座无虚席，连过道上都挤满了人，大家都想一睹林清玄先生的风采。所以，当身材矮小又略微秃顶的林清玄一出现，全场一片哗然。

林清玄毫不介意，仍然微笑着走上了讲台。讲台是多媒体台式讲桌，林清玄坐下后，顿时便"无影无踪"了。正在大家惊诧之际，林清玄站了起来，自嘲地说道："这桌子有点高！"全场观众不禁哈哈大笑起来。林清玄接着说："为了让大家近距离看清我英俊帅气的容貌，我就站到讲台下，接受同学们雪亮目光的洗礼吧。"

说完，林清玄真的走下讲台，来到了同学跟前。全场观众都被他幽默的话语与举动逗乐了。

自嘲是最高境界的幽默。而善于自嘲的人则总是能将自己最可爱的一面展示给别人。对自身形象的种种不足之处大胆巧妙地加以自嘲，能出人意料地展示你自己的自信，显示出你潇洒不羁的个性。

自嘲是一种重要的交际方法。在自己尴尬的处境下，诙谐地为自己进行辩解或嘲讽。生活中，许多人都是善用自嘲的高手，他们利用自嘲调节气氛、化解尴尬。

有一次，美国总统罗斯福家被盗，家里值钱的东西都被洗劫一空。罗斯福的朋友听说后都劝他不要太在意。谁知罗斯福竟调侃地说道："谢谢安慰，我亲爱的朋友，我现在很平安。同时我还要感谢上帝，因为贼没有伤害我的生命，也没有偷去我全部的财产，最值得庆幸的是做贼的是他而不是我。"

用自嘲来处理烦恼与矛盾，会使人心情愉快、其乐融融。一个有幽默感的人不仅能让人觉得相处愉快，这种幽默也常常被看成可爱至极，并能深深吸引他人。

自嘲是一种幽默的说话方式，也是一个人智慧的体现，它可以协调人与人之间的紧张关系，张扬解嘲者幽默风趣的个性。巧妙地运用自嘲的方式来扭转困境，这往往要比大量的解释、道歉来的迅速有效。呵呵一笑中，大家往往能够放下误会，将不快尽付笑谈中。

一次，一个的男子和几个朋友去参加舞会，在朋友的怂恿下，他准备去邀请一位身材高挑的女孩跳舞。没想到那女孩竟拒绝说："我从不与比我矮的男人跳舞。"这个男子听了没有发火，而是大声说道："唉！我真是武大郎开店，找错了帮手啊！"那女孩听后脸红耳赤，不远处的朋友也笑作一团。

无疑，自嘲是帮助我们摆脱困境的最好语言手段之一。当言谈陷入窘境时，逃避嘲笑并非良方，也不是超脱。相反，你怒不可遏地反击，反唇相讥也会遭到更多的嘲讽，不如来个超脱，自嘲自讽，反而显得豁达和自信。这种超脱使自己摆脱了"狭隘的自尊心理束缚"，又堵住了别人的嘴巴。

林语堂说过，智慧的价值，就是教会笑自己。在现实生活中，拿自己的错误开玩笑，让人捧腹大笑的同时便也种下了友谊之树。

传说古代有个石学士，一次骑驴不慎摔在地上，一般人一定会不知所措，可这位石学士不慌不忙地站起来说："亏我是石学士，要是瓦的，还不摔成碎片？"一句妙语，说得在场的人哈哈大笑，自然也在笑声中免去了难堪。

在与人的交际中，一旦因自己失误而造成不好下台，最聪明的办法是：多些调侃，少些掩饰；多些自嘲，少些自以为是；多些低姿态，少些趾高气扬。

用自嘲来处理烦恼与矛盾，会使人心情愉快、其乐融融。一个有幽默感的人不仅能让人觉得相处愉快，这种幽默也常常被看成可爱至极，并能深深吸引他人。

如果说幽默是智慧和力量的结晶，那么自嘲则是智慧和勇气的结果，鲁迅说过："我的确时时解剖别人，然而更多的时候是更无情地解剖自己。"解剖自己需要勇气，自嘲同样需要勇气，一个敢于自嘲懂得自嘲的人，必定是个情商高的人。

避免争论，永远不要说"你错了"

生活中，很多人喜欢争辩，对一个问题，一个观点，争得脸红脖子粗，大有针尖对麦芒之势。或许一时争论的胜利，会让你觉得占了上风，但实际上你还是没有达到目的。为什么？如果你的胜利使对方的论点被攻击得千疮百孔，证明他一无是处，那又怎么样？你会觉得洋洋得意；但对方呢？他会自惭形秽，你伤了他的自尊，他会怨恨你的胜利。而且一个人即使口服，但心里并不服。因此，争论是要不得的，甚至连最不露痕迹的争论也要不得。如果你老是抬杠、反驳，即使偶尔获得胜利，却永远得不到对方的好感。所以，真正赢得胜利的方法不是争论，而是不要争论。

有一个编辑正在负责自己手上的项目，忙得不可开交的时候，版权部的同事过来找她要各种各样的文件，以便之后宣传用。

"我明明早就给过你了，现在又来找我要。"编辑很生气地抱怨。

"你什么时候给过我？我那里根本就没有！"版权部的人也因为她的态度而生气了。于是两个人就开始查找以前的邮件记录，花了十分钟的时间，终于看到编辑发件箱里面确实给版权部门的同事发过相关资料的邮件，版权部的同事无话可说，回去了。

后来，编辑部的主管对那个编辑说："以后再出现这种事情，你直接给他传过去就行了。"

"可是明明是他的问题。"编辑不服气。

"是的，但是你给他传个文件不过半分钟，但是你们争论用了半个小时，而且双方都很生气。版权部的同事可以把我们的项目介绍到海外，你和他生气，他以后就不会再关心你的项目了，最后损失的还是你自己。要我说，你当时聪明的做法是说：'幸好你提醒了我，真是太好了，我马上传给你。'这样他觉得自己的工作很有价值，你也可以继续工作，不是更好？"

那位编辑在这件事情上受到了很大的启发，从此遇事尽量避免争论。

人生之中，何必事事都要去争论，以赢取那无谓的胜利。这样做对你毫无意义，不但为自己树立了敌人，还对你的人生也没有任何助益。正如睿智的班杰明·富兰克林所说的："如果你老是争辩、反驳，也许偶尔能获胜；但那是空洞的胜利，因为你永远得不到对方的好感。"

是的，永远不要与人进行无意义的争辩，那只会引起别人的反感。如果你与人争辩的动机，是出于想要证明自己是对的、为自己辩白、或赢得听众的信服，那么你的行为太自私了，永远不会得到别人的欢迎。

所以，当你们要与人争辩前，不妨先考虑一下，我你到底要什么呢？一个是毫无意义的"表面胜利"，一个是对方的好感。

尼尔是一个汽车推销员，虽然他工作尽心尽责，他的业绩总是最差的。他的脾气有些急躁，如果顾客说他推销的汽车不好，他就会梗着脖子和别人争论。虽然到最后顾客不得不认同他的观点，表面上看他是胜利了，但他却一辆车也没卖出去，因为顾客们并没有因为他的据理力争而心服口服。

但现在的尼尔成了顶尖销售员，他之所以取得这么好的业绩就是因为他吸取了以前的教训，改掉了企图用争辩的方式去说服顾客。即使有人说他推销的车不好，他也不会和顾客争辩，因为他知道越和他们争辩，他们越会坚持自己的看法。

尼尔学聪明了，他会先附和顾客，等他们把车批评完后，再开始耐心为其讲述汽车的种种优点，必要的时候还会赞同顾客的某些观点。他深知，只有这样才会让顾客觉得被尊重，也许他就会对之前的偏见有所改观，说不定就会改变主意，买下汽车。

争辩不能起到任何作用。当人们面红耳赤地争辩时，说起话来就会不管不顾，也忘了是否会伤害对方。所以，遇到争论时，你最好能尽量忍在心里，不要爆发，用理智来抑制激情，这样才能使大事化小，小事化无。

林肯曾经说过："任何决心有所成就的人，绝不会在私人争执上耗时间，争执的后果，不是他所能承担得起的。而后果包括发脾气、失去自制。要在跟别人拥有相等权利的事务上，多让步一点。而那些显得是你对的事情，就让得少一点。与其跟狗争道，被它咬一口，不如让它先走。因为，就算宰了它，也治不好你的咬伤。"

著名成功学大师卡耐基指出：普天之下，只有一个办法可以从争论中获得好处——那就是避免它。避开它！像避响尾蛇和地震一般。十有九次，争论的结果总使争执的双方更坚信自己绝对正确。不必要的争论，不仅会使你丧失朋友，还会浪费你大量的时间。

古语说："用争夺的方法，你永远得不到满足，但用让步的方法，你可能得到的比你期望的更多。"情商高的人明白，避免争论能得到更大的利益。

第四章 跟谁都能处得来

——情商高就是懂交际

亮出你自己，初次见面就讨人喜欢

　　人际交往的过程，就是不断地结识新朋友，扩大人脉圈的过程。认识每一个新朋友，离不开第一次交往。懂得第一次交往的艺术，会使人如沐春风、相见恨晚，若不懂交往的方法，就会在交往中如无头苍蝇，到处碰壁。俗话说，良好的开端等于成功的一半，初次交往一定要给人好印象！

　　在与陌生人交往的过程中，所得到的有关对方的最初印象称为第一印象。初次见面时，对方的仪表、风度所给我们的最初印象往往形成日后交往时的依据。一般人通常根据最初印象而将他人加以归类，然后再从这一类别系统中对这个人加以推论与作出判断。人与人之间的相互交往、人际关系的建立，往往是根据第一印象所形成的论断。第一印象并非总是正确，但却总是最鲜明、最牢固的，并且决定着以后双方交往的过程。

　　约翰是一个出色的推销员。约翰在一次技术交流会上结识了一位经理，该经理对约翰公司的产品颇感兴趣。两人约定好时间准备再仔细商谈一下。等到前往公司的那一天，下起了大雨，于是约翰就穿上了防雨的旧西装和雨鞋出门。约翰到了那家公司以后便递出了名片，要求和经理面谈，然而他等了将近一个小时，才见到那位经理。约翰简单地说明了来意，没想到那位经理却冷淡地说："我知道，你跟负责这事的人谈吧，我已跟他提过了，你等会儿过去吧。

这种遭遇对约翰来说还是第一次,在回家的路上他反省着:"是哪个地方做错了呢?今天所讲的内容应是跟平常一样魅力十足地吸引客户的呀!怎么会这样?"他百思不得其解。

然而,当他经过一家商店的广告橱窗,看到自己的身影后才恍然大悟,立刻明白自己失败的原因了。平常约翰都穿得干净、潇洒而神采奕奕,而今天穿着旧西装、雨鞋,看着就像落魄的流浪汉,更别提推销了。推销大师法兰克·贝格也曾说过:"外表的魅力可以让你处处受欢迎,不修边幅的推销员给人留下第一眼坏印象时就失去了主动。"

有一句谚语是这样说的:第一印象永远不可能有第二次机会。可见,良好的第一印象是交往成功、和谐人际关系的良好开端。第一次与人沟通是后续成功发展的关键。人们对你形成的某种第一印象,通常难以改变。而且,人们还会寻找更多的理由去支持这种印象。因此,初次见面就给人留下不好的印象的人,通常是不讨人喜欢的人,而第一次交往就给人留下美好印象的人,更容易受人欢迎。

1950年6月的一天,荣毅仁奉上海市新政府之命到外滩中国银行大楼开座谈会。签名后,只见一个中等身材、气宇轩昂的穿褪了色的布军装的解放军军人健步走来。经介绍,原来他就是赫赫有名的三野司令员、上海市市长陈毅。

陈毅操着浓重的四川口音即席讲话。他一边讲话,一边捻花生米、嗑瓜子,有时插几句笑话,性格豪爽而幽默,态度随和而诚恳,说话铿锵而有力,给人以信心和希望。

这次开会给荣毅仁留下了毕生难忘的印象:这和过去国

民党的宣传完全不一样——共产党的大官多么平易近人啊!

这就是人际交往中"第一印象"的作用。

在人际交往中,一个人的第一印象往往会给对方留下很深的烙印,如果你在第一次交往中给别人留下了一个好印象,别人就乐于跟你进行第二次交往;相反,如果你在第一次交际中表现不佳或很差,往往很难挽回。因此,在与人的初次交往过程中,要注意给人以良好的第一印象。

卡耐基说过:"良好的第一印象是登堂入室的门票。"不可否认,给他人第一印象的好坏直接影响着你在他人心目中受欢迎的程度。美国心理学家亚瑟所作有关第一印象的研究中指出,人们在会面之初所获得的对他人的印象,往往与以后所得到的印象相一致。那么,怎样才能给人良好的第一印象呢?我们该从哪些方面入手,帮助和引导孩子在交往中给对方建立良好的第一印象呢?

1. 注意谈吐:一个人的谈吐可以充分体现其魅力、才气及修养。一个人有没有才气最容易从讲话中表现出来。在社交谈吐时,要注意环境气氛,决不要喧宾夺主,自说自话。风趣,幽默的言谈给人以听觉的享受和心灵的美感。

2. 注意仪表:社会心理学家认为,在公众场合人总是趋近衣着整洁、仪表大方的人,或衣着略优于自己的人。这种行为,在日常生活中也常见到,没有人愿意同一个不修边幅、肮脏邋遢的人在一起。因此,我们平时要注意穿着得体、整洁,尽力为自己给人的第一印象加分。

3. 注意行为举止:行为动作是一个人内在气质,修养的表现。男子的举止要讲究潇洒,刚强。女子的举止要注意优美,含蓄。在一般情况下,大方、随和乐观、热情的人总受人欢迎;炫耀、粗鲁或过于拘束的人则让人生厌。

4. 展现风度：风度是一个人的性格和气质的外在表现，是在长期的社会实践中所形成的好的性格、气质的自然流露，属于一个人的外部形态。要有美的风度，关键在于个人在实践中培养自身的美的本质，形成美的心灵。古人早就说过："诚于中而形于外。"心里诚实，才有老实的样子。当然，人的风度是多样的，不能强求一律。人的风度的多样性，是为人的性格、气质的多样性所决定的。但是，无论性格、气质的多样性也好，还是风度的多样性也好，都应当体现出人的美的本质。只有美的心灵，美的性格、气质，才能有美的风度。

失意人面前不提得意事

生活中，不少人人总喜欢在他人面前炫耀自己的得意之事，总以为这样就会让自己有优越感，让自己的脸上有光，别人也会高看自己，甚至是敬佩自己，这是个浅薄的认识。殊不知，别人并不愿意听你的得意之事，自我炫耀效果反而适得其反。因为你的得意衬托出别人的失意，甚至会让对方认为你炫耀自己的得意之事便是嘲笑他的无能，让他产生一种被比下去的感觉，特别是失意的人，你在他面前炫耀自己的得意之事，他会更恼火，甚至讨厌你。

周末，李潇约了几个哥们在家里聚会，他希望借着热闹的气氛，让情绪低落的宋浩放松一点。

　　宋浩不久前刚刚下岗，妻子也因为感情问题和他闹离婚。他现在是内忧外患，不堪重负了。哥几个都知道宋浩目前的处境，因此都避免去触及与此有关的事。可是，其中一位酒一下肚，就口不择言了，一会说自己工作上顺风顺水，一会又说自己的妻子如何贤惠，说到兴处还手舞足蹈，得意之情溢于言表，这让在场的人都感觉不舒服。

　　情绪低落的宋浩更是面色难看，低头不语，一会儿去洗脸，一会儿去上厕所。最后实在听不下去了，就找了个借口提前离开了。他跟送他走的李潇生气地说："他有必要在我面前炫耀工作好，妻子贤惠吗？！"

　　很显然，李潇这样做是得不到别人的称赞的，甚至激起别人的厌恶。

　　不要在别人面前炫耀你的得意，没人愿意听这样的消息，如果正好有生活不顺的朋友在场，你的炫耀更是雪上加霜。即使大家的心情都很好，如果你只顾炫耀自己的得意事，而不给别人谈论的机会，也会招人反感。聪明人会将自己的得意放在心里，而不是放在嘴上，更不会把它当作炫耀的资本。所以，当你和朋友交谈时，最好多谈他关心和得意的事，这样可以赢得对方的好感和认同，从而加深你们之间的感情。

　　一个星期前，刘慧就对王芳和其他同事说，她生日的时候，老公要送她一件神秘礼物。可事不凑巧，生日那天，老公恰好到外地出差，因此她什么都没收到，感觉很没面子，本来就郁郁寡欢，谁知下午刚到办公室，王芳就对刘慧炫耀起来："看我这钻戒，漂亮吧，我老公特地托朋友从香港买的，足足3克拉，花了好几万呢，刚才神神秘秘把我叫出去，原来是要给我个惊喜，你说也不是生日，也不是什么纪念日，好端端的送这干嘛啊！"边说还边不识趣地竖起了手指，一脸洋洋得意的样子。本指望刘慧能说几句羡慕的话，谁知刘慧面无表情地看了她一眼，什么都没说，王芳无趣地愣在那里，尴尬万分。

　　在生日都没有收到任何礼物的刘慧面前，王芳不合时宜地炫耀老公给她买的钻石戒指，无异于在刘慧的"伤口"上撒盐，刘慧听了自然不悦，她以沉默来对抗，恰恰给了王芳一个最有力的回击。王芳炫耀显摆的结果只能是伤了别人又伤自己。其实，得意之事人人有，炫耀显摆却没必要，尤其不可在失意痛苦之人面前炫耀，那就好比火上浇油，加深他人痛苦的同时，终究也会自取其辱。

　　我们不妨扪心自问，自己的失意之时，他人在我们面前大谈自己的得意之事，我们是不是也会觉得心里不舒服或是很难受，所以我们要学会换位思考——失意人前，不说得意之事。懂得这个道理，拥有了这份情怀，我们才能正确处理人际关系。

　　郭志同刚调到市人事局的那段日子里，几乎连一个朋友也没有，他自己也搞不清是什么原因。原来，郭志同认为自己正春风得意，对自己的机遇和才能满意得不得了，几乎每天都向同事们炫耀他在工作中的成绩，炫耀每天有多少人找他请求帮忙，那个几乎说不出名字的人昨天又硬是给他送了礼等等的"得意事"，同事们听了之后不仅没有人分享他的"得意"，而且还对他有些讨厌。后来，还是郭志同当了多年领导的老父亲一语点破，他才意识到自己的问题在哪里。从此，他很少在同事朋友面前炫耀自己的得意之事。后来，每当他有时间与同事闲聊的时候，他总是让对方滔滔不绝地把他们的得意炫耀出来，与其分享，久而久之，他的同事们都成了他的好朋友。

可见，让别人说出自己的得意是维护友谊的最好方式，而自己炫耀自己的得意则是会令人敬而远之。法国哲学家罗西法古有句名言："如果你要得到仇人，就表现得比你的朋友优越吧；如果你要得到朋友，就让你的朋友表现得比你优越。"每个人都非常重视自己，喜欢谈论自己，如果你让别人谈出自己的得意，或由你去说出他的得意，他肯定会对你有好感，肯定会与你成为好朋友的。所以，在别人面前应该多一点谦虚，少一点炫耀。多让他人表现自己的得意是做人的一大智慧，如果你能做到这点，你就能赢得更多的好感，成为一个受欢迎的人。

察言观色，看他人脸色行事

俗话说："出门看天色，进门看脸色。"所谓察言观色，意思是说一个人要经常观察他人的言语脸色，揣摩他人的意图，做到有的放矢。

察言观色是一切人情往来中操纵自如的情商技巧之一，也是了解他人的窗口。如果你的观察能力强，能够很好地察言观色，在社会交际中可以做到知己知彼，减少不必要的摩擦和误解。

一天，小李下班后乘公共汽车回家，不慎把钱包给丢了，内有刚领到的当月工资和奖金。他自知这"祸"无法隐瞒，必须向妻子"坦白交待"，以求得"特赦"。

小李诚惶诚恐地踏进家门，见爱妻正在厨房忙碌，便急不可耐地以"不好了！我今天闯大祸了！"为"开场白"，向妻子道明了原委。可他哪里知道，自己的夫人不巧下午在单位里与一位同事也刚为工作发生过一场"唇枪舌剑"，此时余怒未息，脸上还是"阴云密布"。结果小李这一"坦白"就成了火上加油，自然招来妻子 "狂风暴雨"式的一顿训斥。

从上例来看，究其过，还是小李不会看脸色。如果他回家后不急着向老婆"兜底"，而是待到妻子脸上"晴空万里"时再一五一十地"摊牌"，钱包遗失之事，那结果就大不一样了，可能妻子还会安慰他几句呢。

提到察言观色，很多人不屑一顾，他们对"看脸色行事"的人很是反感，甚至是深恶痛绝。在他们看来，"看脸色行事"太过世故，有点畏缩、卑微，没有人的尊严，自己该怎么想就怎么想，该怎么干就怎么干，何必要看别人的"脸色"来定夺？持这种想法的人显得太不谙世事了，殊不知每个人都不能是孤立地存在这个社会里，他必须与人交往，而人与人之间的关系又非常的复杂，不会看脸色行事的话，你会这里遭白眼，那里遭人训，该办的事情也没法顺利办成，就像上述例子中的小李，生活中这样的例子太多了。夫妻间有时都得看看对方的脸色，更何况与外人相处呢？

察言观色是人际交往很重要的一个"战术"，是绝对不可以忽视的。在和人相处的时候，我们要根据对方的情绪变化适时调整自己的态度：探知到了对方的性格和喜恶，而且马上去修正自己的行为言语，这样才能左右逢源！

西汉初年，汉高祖刘邦打败项羽，平定天下之后，开始论功行赏。这可是攸关后代子孙的万年基业，群臣们自然当仁不让，彼此争功，吵了一年多还吵不完。

汉高祖刘邦认为萧何功劳最大，就封萧何为侯，封地也最多。但群臣心中却不服，私底下议论纷纷。

封爵受禄的事情好不容易尘埃落定，众臣对席位的高低先后又群起争议。许多人都说："平阳侯曹参身受七十次伤，而且率兵攻城略地，屡战屡胜，功劳最大，他应排第一。"刘邦在封赏时已经偏袒萧何，委屈了一些功臣，所以在席位上难以再坚持己见，但在他心中，还是想将萧何排在首位。

这时候，关内侯鄂君已揣测出刘邦的心意，于是就顺水推舟，自告奋勇地上前说道："大家的评议都错了！曹参虽然有战功，但都只是一时之功。皇上与楚霸王对抗五年，时常丢掉部队，四处逃避，萧何却常常从关中派员填补战线上的漏洞。楚、汉在荥阳对抗好几年，军中缺粮，也都是萧何辗转运送粮食到关中，粮饷才不至于匮乏。再说，皇上有好几次避走山东，都是靠萧何保全关中，才能顺利接济皇上的，这些才是万世之功。如今即使少了一百个曹参，对汉朝有什么影响？我们汉朝也不必靠他来保全啊！你们又凭什么认为一时之功高过万世之功呢？所以，我主张萧何第一，曹参居次。"

这番话正中刘邦的下怀，刘邦听了，自然高兴无比，连连称好，于是下令萧何排在首位，可以带剑上殿，上朝时也不必急行。

而鄂君因此也被加封为"安平侯"，得到的封地多了将近一倍。他凭着自己察言观色的本领，享尽了一生荣华富贵。

其实，在与别人进行交流的时候，对方的表情、动作都会向你传达很多的信息，所以，我们一定要学会如何察言观色，怎样看别人的脸色行事。察言观色是我们在人际交往中不可不必备的技能。学会了"透过现象看本质"的本领，会使我们的工作和生活事半功倍，所带来的益处也是无限的。

"脸上表情，天上的云彩。"一个人的心理活动虽然隐秘，但不可能永远潜藏着，总会以这样那样的方式显露出来。所以，只要善于揣摩对方的心思，感受对方的心情，就能以积极、主动的方式和对方交往，营造和谐的人际关系。

有位心理学家曾讲过："在世界的知识中，最需要学习的就是如何洞察他人。"在与人交谈中，既要察言，又要观色，把它们结合起来，这对提高我们情商能力十分重要。如果我们每个人都能察言观色，及时地改变先前的决定，及时地退或进，及时地把自己的言行组合或分解，及时地控制自己的喜怒哀乐，那么，与他人关系一定会更加和谐。

做一个好的听众，让对方畅所欲言

在人际交往中，人们常容易犯一个毛病，那就是自己侃侃而谈，完全不顾及别人的感受，这样会很容易让身边的人感觉你比较浮夸、过于自我。所以，我们应该自律一些，让自己把更多的时间用于倾听，多听取身边人的意见或者建议，给他们空间和时间，多去体会他们话语的意思，这样，你身边的朋友才会注意到你，才会对你有一个好印象，这是一种倾听的自律，它会让你更加智慧，更能赢得别人的好感。

侧耳听智慧，专心求聪明。每个人都希望被别人了解、理解，所以，人们才有了说话的欲望以及表现自己的欲望。但是，凡事有度，如果话太多，只会让别人反感。我们应该做的是设身处地地为他人着想，站在对方的角度去思考问题，管好自己的嘴巴，该说的时候说，不该说的时候就认真地听，这样才能让身边人感到你对他们的尊重。

世界著名的记者迈克逊说："不肯留神去听人家说话，是不受人欢迎的原因之一。通常，他们只关心自己该怎么说下去，根本不管别人要说什么。要知道，世界上多数人都喜欢乐于倾听的人，很少有人喜欢那些不停地说自己的人。"每个人都认为自己的声音是最重要的、最动听的，并且每个人都有迫不及待地表达自己的愿望。在这种情况下，友善的倾听者自然成为最受欢迎的人。

刘欢是一家杂志社的记者。一天，他在一个朋友的桥牌晚会上与一位女士聊起天来。这位女士刚读过他关于欧洲的报道，就问他："我刚刚读过您的文章，您在欧洲一定到过许多有趣的地方，欧洲有很多风景优美的地方，讲给我听听好吗？我小时候就一直梦想着到欧洲旅行，可到现在我都不能如愿。"

刘欢一听这位女士的开场白，就知道她是一位健谈的人。他知道，让一位健谈的人长久地听别人的长篇大论，她一定很快就对你的讲话失去兴趣。刘欢刚进晚会时就听朋友介绍过她，知道她刚从南美的阿根廷回来。阿根廷的大草原景色秀丽，到那个国家去旅游的人都要去看看的，她肯定会有自己的一番感受。

于是，刘欢对那位女士说："是的，欧洲有趣的地方可多了，风景优美的地方更不用说了。但是我很喜欢打猎，欧洲打猎的地方就只有一些山，没有大草原，要是能在大草原上边骑马打猎，边欣赏秀丽的景色，那多惬意呀……"

"大草原！"那位女士马上打断他的话，兴奋地叫道，"我刚从南美阿根廷的大草原旅游回来，那真是一个有趣的地方，太好玩了！"

"真的吗？你一定过得很愉快吧。能不能给我讲一讲大草原上的风景和动物呢？我和你一样，也梦想到大草原去的。"

"当然可以，阿根廷的大草原可……"那位女士滔滔不绝地讲起了她在大草原的旅行经历，然后又讲了布宜诺斯艾利斯的风光和她沿途旅行的国家的风光，到了最后，这场谈话变成了她对自己这一生去过的美好地方的追忆。

刘欢一直耐心地听着，那位女士讲了一个多小时，直到晚会结束，她才意犹未尽地与记者告别，并且成为他很好的朋友，在她的引荐下，刘欢认识了一些他一直希望采访的人。那位女士常常向别人提起："怪不得他的采访写得好，因为他真会讲话，和他在一起感觉真放松。"事实上，刘欢几乎没有讲什么！

外国有句谚语："用十秒钟的时间讲，用十分钟的时间听。"倾听是人际交往中一项很重要的制胜法宝。一个在人群中滔滔不绝的人或许很容易得到大家的尊敬和钦佩，可是一个懂得倾听并善于鼓励别人的人，能更容易得到他人的好感和信任。

卡耐基说："做个听众往往比做一个演讲者更重要。专心听他人讲话，是我们给予他的最大尊重、呵护和赞美。"每个人都认为自己的声音是最重要的、最动听的，并且每个人都有迫不及待地表达自己的愿望。在这种情况下，友善的倾听者自然成为最受欢迎的人。所以，如果要别人喜欢你，原则是：首先做个好听众，并随时鼓励对方谈谈他自己的事。

一位老教师讲过她的一段亲身经历。

有一天，她的一位学生来找她讨论自己的婚姻问题。那位学生是夜大生，她问这位老教师："我是不是应该同我丈夫离婚？"

老教师因为既不了解她丈夫的情况，也不了解她本人的情况，所以无法帮她出主意。老教师只能边听她说边点头，然后老教师就问："你认为你应当怎么办？"

老教师这样问了好几遍，每问一遍，那位夜大生就讲应该如何如何做。

第二天，老教师在报箱里看到了一封信，那是一封热情洋溢的信。不消说，信是那位夜大生写的，她感谢老教师为她出的美妙主意。在她毕业后，她依然写信给这位老教师，说她的婚姻十分美满，并再次称赞老师为她出的妙主意！

这位老师究竟为学生出了什么妙主意使得学生对她念念不忘呢？老师什么主意也没出，主意是学生自己出的。老师只是认真听了学生的观点和看法。

如果你要在人际交往中赢得他人的好感，那么你首先要做到的便是用心的倾听。正如一位心理学家所说："以同情和理解的心情倾听别人的谈话，我认为这是维系人际关系，保持友谊的最有效的方法。"专注认真地倾听别人谈话，向对方表示你的友善和兴趣，这样做的最大价值就是深得人心，能使双方感情相通、休戚与共，增加信任度。

人们都喜欢善于倾听的人，倾听是使人受欢迎的基本技巧。人们被倾听的需要，远远大于倾听别人的需要。倾听是心与心的交流。只有善于倾听的人，才会赢得很多的朋友。

真诚：赢得信任的最大筹码

何谓真诚？真诚就是真实、诚恳、实事求是，没有一点虚假。如果一个人拥有了真诚的品质，他就会交很多的知心朋友，他的路也会越走越宽。

真诚待人是最基本的待人之道，更是一种高明的处世之道。一个真诚的人在对待每件事，每个人的时候，都能抱着一份诚恳的态度，一颗真实的心，无条件的信任他人。只有做人真诚，才能够得到更多人的支持。真诚存在于我们与人相处的各个细节之中，而一个人若真诚待人，必然会获得他人真诚的回报。

美国心理学家安德森曾经做过一个试验，他制定了一张表，列出550个描写人的品性的形容词，让大学生们指出他们所喜欢的品质。

试验结果明显地表现出，大学生们评价最高的性格品质不是别的，正是"真诚"。在八个评价最高的形容词中，竟有六个(真诚的、诚实的、 忠实的、真实的、信得过的和可靠的)与真诚有关，而评价最低的品质是说谎、装假和不老实。

安德森的这个研究结果具有现实意义。在交往中，人们总是喜欢诚恳可靠的人，而痛恨和提防口是心非、虚伪阴险的人。真诚无私的品质能使一个外表毫无魅力的人增添许多内在吸引 力。人格魅力的基本点就是真诚。待人心眼实一点，守信一点，能更多地获得他人的信赖、 理解，能得到更多的支持、帮助和合作，从而获得更多的成功机遇，最后脱颖而出，点燃闪亮人生。

真诚是人际交往得以延续和深化的保证。只有以诚相待，才能更多地获得他人的信赖、理解，能得到更多的支持、帮助和合作，从而获得更多的成功机遇，最后脱颖而出，点燃闪亮人生。

真诚是一种难得的品质，同时它也是一个人的素养。拥有真诚的人是世界上最富有的人，因为他们拥有人类最贵的精神财富。我国著名的翻译家、教育家傅雷先生曾说过："一个人只要真诚，总能打动人的，即使人家一时不了解，日后也会了解的……我一生做事，总是第一坦白，第二坦白，第三还是坦白。绕圈子，躲躲闪闪，反而叫人疑心；你要手段，倒不如光明正大，实话实说，只要态度诚恳、谦卑、恭敬，无论如何人家不会对你怎么样的。"

做人不真诚，总是华而不实，人们就会疏远你。敷衍和欺骗别人，可能一时能得到一些好处，但长此以往，你的信誉度会降到谷底，别人不再愿意与你这样的人打交道。只有以诚待人，才能换来别人的真心回报。当然，真诚不是写在脸上的，而是发自内心的。

　　20世纪中叶，有两位美国的热血青年，一位叫李斯特，一位叫乔治。他们的父亲都是服装经营者，为了更好地拓展家族生意，两个青年人打算去比灵斯开办工厂。他们的父亲都很赞赏儿子的想法，这样既可以锻炼经商和管理能力，又开发了新的市场。李斯特和乔治各自向父亲借了1万美元，便一起出发了。

　　李斯特想，他必须比乔治先到达比灵斯，只有抢占了好的地段才有胜利的把握，于是他退掉火车票改乘了飞机。乔治也将火车票退掉了，却没打算坐飞机，他改乘了汽车。

　　李斯特很快在比灵斯繁华地段租好了厂房，并招了不少工人。可乔治还未到达目的地，因为他此时正坐在汽车里与人们聊天，观察人们身上都穿着怎样款式的服装，问人们最喜欢穿怎样的服装。他坐客车辗转了半个月才到达比灵斯，然后，他在一个比较偏僻的郊区租了厂房。

　　李斯特生产的服装没人要，而乔治的服装却卖得很火。李斯特便花高价雇人去偷窃乔治的秘方，发现乔治做的服装跟当地人穿的是一种款式。李斯特很快大量生产出了和乔治相同的服装，并且也同样得到了当地人的认可。可突然一股强烈的金融风暴席卷了整个美国，李斯特和乔治的工厂都受到了影响。李斯特支撑不住了，只得又向父亲借了1万美元，可是过了不久，他还是感到很吃力，仓库里的货越积越多。李斯特只得一边低价处理积压品，一边疯狂裁员，许多员工被借故炒掉，工资也被无故克扣，弄得员工们怨声四起。

　　此时，乔治的工厂也受到了前所未有的挑战。乔治将所有工人都聚在广场上开始了他的演讲：我亲爱的姐妹们、兄弟们，现在公司面临着倒闭的危险，如果大家愿意与我一起坚守，那么就暂时不领薪金，只领取少量生活费，只要公司渡过了难关，我保证双倍奉还。但，如果有不信任公司或者另有好去处的，我也当你是朋友，那么你马上就可以领完这个月的薪金，等公司发展壮大后再回来。

员工们在静默了半分钟后纷纷决定留下来，并且还为公司捐出了好几千美元，乔治为此流下了感动的泪水。他坚信只要公司不倒，撑过了这段日子肯定会有好转的，他不但与员工们同吃同住，还不断给员工以精神上的鼓励。最终他带领员工们咬牙熬过了那段艰难的日子。当风暴过后，经济果然复苏了。李斯特因实在撑不下去而打道回府，而乔治却赚了个盆满钵盈。李斯特以前的员工们也纷纷投靠了乔治，他没有食言，所有员工们的福利都随着公司的效益而有所提高。乔治还表示，如果公司盈利上升，员工们的福利也将继续上升。

选择了逃离的李斯特得知乔治成功的消息后，心里很不是滋味，这次他没有请人来偷艺，而是决定亲自来乔治的工厂看看。令他不解的是，乔治的厂房并不漂亮，员工的素质也并不高，更令他不解的是，乔治开始给他们的薪金还没有他当初给的高！

"那么，"李斯特很不理解地问，"你究竟是怎样成功的呢？"乔治平静地答道："因为我投资的并不是金钱，而是真诚，我真诚地给了员工们一个家的归宿感，员工们回报我的也是一样，他们手里的机器生产的不是服装，而是真诚！"

真诚是人与人之间沟通的桥梁。通过这座桥，人们打开了心灵的大门，并肩携手，合作共事。真诚实在，肯露真心，敞开心扉给人看，对方会感到你信任他，从而卸除猜疑，戒备，争取到一位用全部身心帮助自己的朋友。世上任何事情都是由人来做，由人来办的，在与他人打交道的过程中，如果防备猜疑被诚信取代，那么，很多事情都能化难为易，迎刃而解了。

真诚是打开别人心灵的金钥匙。你对人真诚，别人也会真诚待你；你敬人一尺，别人自会敬你一丈。交往中，以诚待人是处世的大智慧。只有以诚待人，才能在感情上引起共鸣，才能相互理解、接纳，并使关系进一步巩固和发展，从而获得他人的更多帮助。

总之，真诚存在于我们与人相处的各个细节之中，而一个人若真诚待人，必然会获得他人真诚的回报。

尊重他人，是与人交往的前提

人与人之间的交往，应建立在真诚与尊重的基础上。哲学家威廉·詹姆士说过："潜藏在人们内心深处的最深层次的动力，是想被人承认、想受人尊重的欲望。"渴望受人喜爱、受人尊敬、受人崇拜，这是人类天生的本性。但是，有取必有予，我们希望获得些什么，也就必须首先付出些什么。

在人们的交往中，自己待人的态度往往决定了别人对我们的态度，就像一个人站在镜子前，你笑时，镜子里的人也笑；你皱眉，镜子里的人也皱眉；人对着镜子大喊大叫，镜子里的人也冲你大喊大叫。所以，我们要获取他人的好感和尊重，首先必须尊重他人。只有做到尊重他人，自己才会受到他人的好评和尊重。一个不尊重别人的人，是绝不会得到别人的尊重的。

亨利·福特是世人皆知的汽车大王，在他还是一个修车工人的时候，并没有想过自己以后要成为一个叱咤风云的大人物。

有一次，他刚领了薪水，便兴致勃勃地去公司附近的一家高档餐厅吃饭。可是他在餐厅里坐了很长时间却没有一个服务生过来招呼他。最后，还是餐厅里的一个服务生不经意间看到他独自一人坐了那么久，才勉强走到桌边，问他是不是要点菜。亨利·福特赶快点头称是，服务生却一脸不屑地将菜单丢在他的桌子上。亨利·福特打开菜单才看了几行，就听见服务生用轻蔑的语气说道："菜单不用看得那么详细，你只适合看右边的价格，左边的菜名，你就不必费神去看了！"

亨利·福特惊愕地抬起头，目光正好对上服务生不屑的眼神，这让他觉得十分生气。恼怒之余，他不由自主地便想点最贵的大餐，可是想到口袋里只有那一点点可怜的薪水，不得已，就只点了一个汉堡。

服务生哼了一声，傲慢地收回亨利·福特手中的菜单。虽然没有再说话，但脸上的表情却清楚地让福特明白："我就知道，你这穷小子，只配吃得起一个汉堡罢了！"

在服务生离去之后，亨利·福特并没有因为受到鄙视而愤怒不平，他反倒冷静下来，仔细思考自己为什么不被尊重的原因。从那以后，亨利·福特暗下决心，一定要成为社会中顶尖的人物。在这种信念的激励下，最后他终于由一个普通的修车工人变成了世人敬重的汽车大王。

这故事给了我们一些启示：与人相处时，不论别人的条件和身份是怎样的，都应该要尊重别人的人格。只有尊重了别人，你在别人心目中才更有地位，别人才会尊重你。

"人不如己，尊重别人；己不如人，尊重自己。"无论身处何位，尊重别人与自我尊重一样重要。所以，与人交往，不论对方的地位高低、身份如何、相貌怎样，都要尊重他人的人格，使人感到他在你的心目中是受欢迎的，从而得到一种心理上的满足，进而产生愉悦。

尊重他人不仅仅是一种态度，也是一种能力和美德，它需要设身处地为他人着想，给别人面子，维护他人的尊严。

有个业务员曾说过这样一个例子。他的工作是为公司拉主顾，主顾中有一家是药品杂货店。每次他到这家店里去的时候，总要先跟柜台的营业员寒暄几句，然后才去见店主。有一天，他到这家商店去，店主突然告诉他今后不用再来了，他不想再买该公司的产品，因为该公司的许多活动都是针对食品市场和廉价商店而设计的，对小药品杂货店没有好处。这个业务员只好离开商店。他开着车子在镇上转了很久，最后决定再回到店里，把情况说清楚。

走进店里的时候，他照常和柜台上的营业员打过招呼，然后到里面去见店主。店主见到他很高兴，笑着欢迎他回来，并且比平常多订了一倍的货。这个业务员对此十分惊讶，不明白自己离开店后发生了什么事。店主指着柜台上一个卖饮料的男孩说："在你离开店铺以后，卖饮料的男孩走过来告诉我，你是到店里来的推销员唯一会同他打招呼的人。他告诉我，如果有什么人值得同其做生意的话，就应该是你。"从此店主成了这个推销员最好的主顾。这个推销员说:"我永远不会忘记,关心、尊重每一个人是我们必须具备的特质。"

没有尊重的交往是不可能持续下去的。只有相互尊重,才能相互平等,相互认可,体验对方的心情,让对方乐于接受。心理学研究表明,人都有友爱和受尊敬的欲望,并且交友和受尊重的希望都非常强烈。人们渴望自立,成为家庭和社会中真正的一员,平等地同他人进行沟通。如果你能以平等的姿态与人沟通,对方会觉得受到尊重,而对你产生好感;相反地,如果你自觉高人一等、居高临下、盛气凌人地与人沟通,对方会感到自尊受到了伤害而拒绝与你交往。

任何人都有自尊和被人尊重的需要。如果你不能满足他人的这种最基本、最简单的需要,那么他人肯定不愿意与你相处。一句古语说得好:"君子敬而无失,与人恭而有礼。"只有尊敬别人才能换来别人对你的尊敬,只有互相尊敬才能互相受益。

人人都渴望平等,学会尊重他人,是一个人修养的重要组成部分。与人交往,无论对方的地位高低、出身贵贱、家境贫富、相貌美丑,我们都要尊重他人人格。在人们的交往中,自己待人的态度往往决定了别人对我们的态度。

从对方的角度来理解问题

生活中,每个人做事都有自己的原因,只要我们能从别人的角度考虑问题，我们就能掌握他人的想法，从而找到打开他人内心的钥匙。学会从对方角度看问题，会让你在社交中减少许多不必要的烦恼。古德在他的《点石金》一书中说："停下一分钟，将你对他人的冷漠与自己的热心做一个比较。你会发现：人和人是如此的相似！知道了这一点，你就可以和林肯、罗福斯一样，牢牢抓住了人际交往中唯一的原则。换句话说，想要在处理人际关系上游刃有余，你需要站在他人的立场上去考虑问题。"

有这样一个故事：

有个中年人常到住处附近的公园中散步、骑马，也很爱惜那边的树林。但是公园的树木经常被一些野炊的孩子烧掉，为此他很痛心。有一次，他刚好遇到孩子们玩火，便跑到附近的警察那里报警，结果警察却冷漠地回答说：那不是他的事，因为不在他的管辖区！在那以后，他自己在骑马的时候就开始巡逻检查了。

每次他看见树下起火时，就赶快上前警告孩子们，用威严的声调命令他们将火扑灭。而且，如果他们拒绝，他就恫吓要将他们交给警察。结果那些孩子虽然遵从了他当时的要求，但在他离开之后，他们又重新生火，并恨不得烧尽公园。

后来，他改变了自己的方式。当他看到有孩子在野炊的时候，便上前说："你们在做什么晚餐？……我以前也和同学在这一带野炊过，很有趣。但你们知道吗？在这公园中生火是极危险的，我知道你们不是故意的，但别的孩子们不会这样小心，他们见你们生了火，也会学着生火，回家的时候也不扑灭，以致火在干叶中蔓延，烧毁了树木。如果我们再不小心，这里就会没有树林。因为生火，你们可能被拘捕入狱。我不干涉你们的快乐，我喜欢看到你们很快乐的样子。但请你们即刻将所有的树叶扫得离火远些，在你们离开以前，你们要小心用土盖起来，下次你们取乐时，请你们在山丘那边沙滩中生火，好吗？那里不会有危险。多谢了，孩子们，祝你们快乐。"

这种说法产生的效果与以前有很大区别！站在孩子们的角度去劝说，孩子们产生了一种合作的欲望，没有怨恨，没有反感。他们很自觉地防火，并且也给其他同学宣传这样的建议。

人生在世，凡事不妨将心比心，自己不想做的就不要勉强别人，设身处地为别人想一想。正所谓："己所不欲，勿施于人"。站在别人的角度考虑问题，多一份理解，多一份真诚，生活会更好。这是人际交往中的黄金法则。

汽车大王福特曾说过这样一句话："如果说成功还有什么秘密可言的话，就是全心全意地为别人着想，了解别人的态度和观点。"因为这样不仅能得到你与对方的沟通和理解，而且可以更清楚地了解对方的思维轨迹，从而有的放矢，击中要害，找到双方都能接受的解决问题的方案。

卡耐基每季都要在纽约的一家大旅馆租用大礼堂讲授社交训练课程。有一个季度，他刚准备授课，忽然接到通知，房主要他付比原来多3倍的租金。此时入场券早已发出，其他准备开课的事宜都已办妥。

两天以后，卡耐基找到经理说："我接到你们的通知时，有点震惊。不过，这不怪你，假如我处在你的位置，或许也会写出同样的通知。你是这家旅馆的经理，你的责任是让旅馆尽可能地多盈利。不过，让我们来合计一下，增加租金，对你是有利还是不利。

"先讲有利的一面。大礼堂不出租给讲课者而是出租给举办舞会、晚会的人，那你可以获大利了。因为举行这一类活动的时间不长，他们能一次付出很高租金，比我这租金当然要多得多。租给我，显然你吃大亏了。

"现在，来考虑一下不利的一面。首先，你增加我的租金，由于我付不起你所要的租金，只好离开，这样一来，你的收入反而降低了。还有，这个训练班将吸引成千的有文化、受过教育的中上层管理人员到你的旅馆来听课，对你来说，这难道这不是免费的活广告吗？事实上，假如你花5000元钱在报纸上登广告，你也不可能邀请到这么多人亲自到旅馆参观，可我的训练班给你邀请来了。这难道不合算吗？请仔细考虑后再答复我。"

卡耐基讲完后告辞了。这家旅馆经理最后让步了。

卡耐基并没有说一句他想要什么，他的成功在于他始终站在对方的角度想问题。

一味地从自己的角度考虑，不管别人的感受，是不可能得到他人的理解与认同的。可以设想，如果卡耐基气势汹汹地跑进经理办公室，与之辩论，即使他能够辩得过对方，旅馆经理的自尊心也很难使他认错而收回原意。

站在对方的立场上来考虑问题，这样看问题比较客观公正，可防止主观片面；这是一种理解，也是一种关爱，更是人与人之间交往的基础。如果你想要准确地理解他人，就需要采取换位思考的方式进行沟通。只有站在对方的位置和立场上来思考问题，才能够更准确地理解对方的想法和心理状态，才能真正找到沟通的结合点，增强沟通的针对性。若只强调自己的感受而不体谅他人的想法，就很难走入他人的内心世界，很难被他人接纳。这也就是我们常说的遇事要将心比心。

再好的朋友也要保持距离

有这样一个寓言故事：

在冬天来临时，森林中有十只刺猬冻得直发抖。为了取暖，他们只好紧紧地靠在一起，却因为忍受不了彼此的长刺，很快就各自跑开了。

可是天气实在太冷了，它们又想要靠在一起取暖，然而靠在一起时的次同使他们又不得不再分开。

反反复复地分了又聚，聚了又分，刺猬们不断在受冻与受刺两件痛苦之间挣扎。最后，刺猬们终于找出一个适中的距离，即可以相互取暖又不至于被彼此刺伤。

人与人之间的关系就像两只刺猬相处一样，靠得太近则相互受伤，离得过远则觉得寂寞。只有保持适当的距离，才能彼此得到对方的温暖，而又不会因为近而伤害对方。因此，不妨多学一点刺猬的相处哲学，或许你就能与朋友相处的更好。

如果你认为保持朋友关系不可缺少的条件是亲密无间，那你就大错特错，最后可能会导致相反的结果。有时候造成感情破裂的往往是一件小事。因此，对于那些能够产生高价值的好朋友，应该保持一定的距离，以免太接近而产生摩擦，最后造成彼此的伤害！

　　李强和王建两人在上大学时是好到可以穿一条裤子的铁哥们儿。毕业后两人各自有了自己的生活，但大大咧咧的李强却依旧像以前那样，总是随意闯进王建的房间，乱翻东西，躺在沙发上看足球赛，一看就是大半夜就像是自己屋一样。这一切都让王建感到厌烦，但因为是老朋友了，王建一直保留着对李强的忍耐。而李强也没意识到这样相处的危险，照样我行我素。

　　有一天，王建的妈妈突然生病住院，王建赶回家取钱时，才发现柜子里居然是空的，这时李强来了，王建看见李强身上穿着自己女朋友买的毛衣，心里又添了一股气，"柜子里的钱哪儿去了"？李强一点也没发现王建的脸色不对，懒洋洋地说："女朋友过生日，我还没发工资，就拿你的钱请她吃顿大餐，买了条项链钱就没了"！王建冷冷地看着他："你凭什么不经同意就拿我的钱"！结果那天两人大吵了一通，彻底闹僵了，两个好到可以穿一条裤子的铁哥们儿从此中断了联系。

　　在这个事例中，李强错就错在对朋友太随便，要知道两个人即使关系再好，也是相互独立的两个人，也有彼此不同的家庭生活，彼此之间还是要保持合适的距离，互相尊重为好。

　　朋友之间，需要保持一定的距离。无论是怎么样的朋友，无论关系多么密切，距离都是非常重要的。莫洛亚曾说过："朋友间保持适当的距离，能给双方美化升华的机会。"所以，如果希望友谊长久而稳定，你就要把握好交往的分寸。距离是一种美，也是一种保护。过于亲密或者过于疏离都不利于长久地保持友谊。

距离并不是情感的隔阂，保持适当的距离可以让友谊获得新鲜的空气。交友时，要把握好交往过程中主客体间的空间距离、心理距离，要考虑到双方彼此间的关系、客观环境因素，给对方一定的空间。这样做不仅仅是为了自身，更是为了友谊的长久。

那么，怎样才能保持距离？

一句话，就是要避免整日在一起，过分亲密。意思是，彼此间的心灵是贴近的，肉体却应该保持距离。保持距离也就能保持礼貌，礼貌则是防止双方产生摩擦的海绵。

朋友之间保持一定的距离，为的是使自己的友谊之花开得更长久，如果你有了自己的"好朋友"，与其因为太接近而彼此伤害，不如适度保持距离，以免碰撞，而且还能增进对方的感情。所以，保持一定距离就是给自己留出一个空间，也给对方留出一个空间，每个人都有了自己的空间才会和谐相处。

总而言之，为了保持朋友之间的友谊不间断，你应谨记：好朋友也要保持距离！

第五章 做最好的自己

——高情商者都是自我觉知型的人

认识自己，人生从自我认识开始

有句古话叫："知人者智，自知者明。"意思是：了解别人的人智慧，了解自己的人聪明。我们只有先深刻地认识自己，才能有效地管理自己。

在古希腊帕尔索山上的一块石碑上，刻着这样一句箴言："你要认识你自己"，据说这是阿波罗神的神谕。卢梭对这一碑铭有极高的评价，他认为，"比伦理学家们的一切巨著都更为重要，更为深奥。"显然，认识自己是至关重要的，而能正确地认识自己也同样是很不容易做到的，这需要人们理性地看待问题。

古人云：人贵有自知之明。这是人们对自我认识的正确态度，是成功者的经验之一。认识自己能使人感到个人力量的渺小，冷静评价个人的能力，能够促使自己更好地把握个人的抉择，并有效地进行自我管理，这样才能够给自己有一个正确的定位，给自己设置正确可行的目标，让自己充分发挥潜能。

一个人能不能成功，不在于他拥有多少优越的条件，而在于他如何认识自我，如何运用这些条件。一个情商指数高的人能够正确估价自己，有能力接受自己目前所处的现状和环境，去思考该怎么去面对生活。

正确的自我认识，是把自我放到一个恰当的位置，抱着对自我负责任的态度，来认识自己的能力、价值、长短、优劣。

一位妇人带着她的女儿来到心理学教授面前，诉说起女儿的情况："先生，我弄不明白她是怎么回事。她对自己的一切都马马虎虎，毫不经心，学业荒废，衣衫不整，吊儿郎当，浮皮潦草；对她周围的事物漠不关心，神不守舍。她如今都17岁啦，还这么不懂事。这可叫我如何是好？"

教授笑着说："请允许我单独跟她谈一谈，好吗？也许我能了解她对自己和周围一切漠不关心的秘密所在。"

母亲走了，教授仔细观察着姑娘。这位衣衫不整、蓬头垢面的少女长得很美，但她的美却被邋遢的外表掩盖了。姑娘成熟了，而心理却很幼稚。

教授跟她聊天，她似听非听。教授沉默了一会，突然问她："孩子，你难道不知道你是个非常漂亮、非常好的姑娘吗？"

这句问话使姑娘如梦方醒，在她美丽的大眼睛里放射出一缕亮光。她慢慢抬起头来，久久盯着老教授那布满皱纹的善良面孔，一丝深沉的笑容浮现在她的脸上。"您说什么？"姑娘惊喜地问。"我说你很漂亮、很好，可你自己却不知道自己是个漂亮的好孩子。"

姑娘那秀丽的脸上更多地呈现出了舒心的微笑。这样的话她从未听到过，平时充塞她耳际的除了同学们的数落、嘲弄，就是母亲的谩骂。因而，她自己也就破罐破摔了。

教授拉着姑娘的手说："孩子，今晚我和我的夫人要去剧院看芭蕾舞剧《天鹅湖》，特请你陪我们一块去。现在还有两个小时的时间，如果你愿意，请你回去换换衣服。我们在这儿等你。"

姑娘高兴极了，活蹦乱跳地跑出去，跟母亲一块回家去了。快到时间了，教授听到一阵文雅的、轻轻的敲门声。打开门，他惊呆了：一身晚会的盛装衬托出一位出水芙蓉般的少女，两道如月的细眉下是一双动人的眼睛，抬起来亮闪闪，低下去静幽幽。那富有表情的面庞，使她显得那么聪明伶俐，体态那么苗条健美。她的一颦一笑、一举一动都是那么文雅、自持、适度。教授简直认不出这位姑娘就是刚才那位邋里邋遢的少女了。

从此，姑娘变了，变得自爱而奋发。她果然有出息了，不但学习很好，而且还成了著名的舞蹈艺术家。

姑娘后来的转变，完全是基于对自身准确认识之后的调整。由此，我们可以看出，认识自己是把握自己，发展自己和超越自己的前提。只有不断将自己的错误形象清除，我们才能发现真正的自我。

我们每个人都是有缺点的，都是不完美的，认识你自己，就是要能够发现自己的不足与缺点，发现自己的不完美之处，然后，你就能够有意识地去改变自己，去完善自己，你也就能够做自己命运的主人，就能够成为受人尊敬的人。

尼采曾经说过："聪明的人只要能认识自己，便什么也不会失去。"正确认识自己，才能使自己充满自信，才能使人生的航船不迷失方向。人首先应该给自己一个定位，自己到这个世界上来究竟是干什么的，必须有个十分清晰的描述，离开了这个描述，人就会迷茫，就会失去前进的方向，就会在一个个十字路口徘徊，这样的人生是没有意义的。

认识自己，是非常困难的。但对自己有一个正确的认识，是做人的一个最起码要求。一个情商高的人善于正确、全面地认识自己、了解自己，从而正确、全面地看待自己、改善自己。

保持本色，你是独一无二的

张国荣的歌曲中唱道：我就是我，是颜色不一样的烟火。在这个世界上，你就是唯一的，是独一无二的，没有人和你拥有一样的掌纹，你应该为这一点而感到骄傲和自豪。你应该尊重和利用上天赋予你的一切，不管是优点还是缺点，都要接受它们，因为是它们的组合才让你变得独一无二。

其实，每个人都有自己的风格和特点，自然的东西才具有个性，才能与众不同，才具有强烈的吸引力。每一个人都是一个独立的存在，生来就和别人不一样，所以，你根本没有必要硬把自己纳入什么模式当中。

20世纪80年代，有位名叫安德森的模特公司经纪人，看中了一位身穿廉价产品、不拘小节、不施脂粉的大一女生。

这位女生来自美国伊利诺伊州一个蓝领家庭，每年夏天，她就跟随朋友一起，在德卡柏的玉米地里剥玉米穗，以赚取来年的学费。

她从没看过时装杂志，也不懂什么是时尚，更没化过妆。这都不重要，重要的是她天生丽质，浑身散发着清新的天然香味，但是唯一美中不足的是她的唇边长了一颗触目惊心的黑痣。

安德森要将这位还带着田里玉米气息的女生介绍给经纪公司，却遭到了一次又一次的拒绝，原因大都是因为她唇边的那颗黑痣。但是他下定了决心，要把女生及黑痣捆绑着推销出去，他有种奇怪的预感，这颗黑痣将成为这位女生的标志。

安德森给这个女生做了一张合成照片，小心翼翼地把大黑痣隐藏在阴影里，然后拿着这张照片给客户看。客户果然很满意，马上要见真人，真人一来，客户就发现"上了当"，客户当即指着女生的痣说："我可以接受你，但是你必须把这颗痣去掉。"

激光除痣其实很简单，无痛且省时，当这位女生和安德森商量把这颗痣除掉的时候，安德森坚定不移地对她说："你千万不能去掉这颗痣，将来你出名了，全世界就靠着这颗痣来识别你。"

果然，这女生几年后红极一时，日入3万美元，成为天后级的人物，她就是名模辛迪·克劳馥，她的长相被誉为"超凡入圣"，她的嘴唇被称作芳唇。芳唇边赫然入目的是那颗今天被视为性感象征的桀骜不驯的黑痣。

有一天，媒体竟然盛赞辛迪有前瞻性眼光。辛迪回顾从前，不由得倒抽凉气，在她的成名路上，幸好遇到了"保痣人士"安德森。如果她去掉了那颗痣，就是一个通俗的美人，顶多拍几次廉价的广告，就淹没在繁花似锦的美女阵营里面，再难有所作为了。

每个人都是独立的自我，与其花过多的时间、精力去学习别人，不如找出自己的所能、所长去尽量发挥，所得一定比学习别人多。丹麦哲学家基尔凯曾说过："一个人最糟的是不能成为自己，并且在身体与心灵中保持自我。"成功者走过的路，通常都不适合其他人跟着重新再走。在每个成功者的背后，都有自己独特的、不能为别人所仿效和重复的经历。与其一味地模仿别人，还不如充分利用自己的优势，让别人来羡慕你。保持自己的本色，在顺其自然中充分发展自己是最明智的。

爱默生在散文《自恃》里说谷："每个人在受教育的过程之中，他一定会在某段时间确信，羡慕就是无知，模仿就是自杀。不论好坏，他必须保持本色。纵使宇宙之间充满了好的东西，不努力什么也得不到。你所具有的能力是自然界独一无二的，除了你之外，没有人知道你能做什么，而这都是你必须去努力才能找到答案的。"所以，想要活出一个真实的自己，就需要保持本色。本来的才是真实的，真实的才是有价值的。

苔丝·里得太太从小就特别敏感而腼腆，她的身体一直太胖，而她的一张脸使她看起来比实际还胖得多。苔丝有一个很古板的母亲，她认为把衣服弄得漂亮是一件很愚蠢的事情。她总是对苔丝说："宽衣好穿，窄衣易破。"而母亲总照这句话来帮苔丝穿衣服。所以，苔丝从来不和其他的孩子一起做室外活动，甚至不上体育课。她非常害羞，觉得自己和其他的人都"不一样"，完全不讨人喜欢。

长大之后，苔丝嫁给一个比她大好几岁的男人，可是她并没有改变。她丈夫一家人都很好，也充满了自信。苔丝尽最大的努力要像他们一样，可是她做不到。他们为了使苔丝能开朗地做每一件事情，都尽量不纠正她的自卑心理，这样反而使她更加退缩。苔丝变得紧张不安，躲开了所有的朋友，情形坏到她甚至怕听到门铃响。苔丝知道自己是一个失败者，又怕她的丈夫会发现这一点。所以每次他们出现在公共场合的时候，她假装很开心，结果常常做得太过分。事后苔丝会为此难过好几天。最后不开心到使她觉得再活下去也没有什么意思了，苔丝开始想自杀。

后来，是什么改变这个不快乐的女人的生活呢？只是一句随口说出的话。随口说的一句话，改变了苔丝的整个生活。有一天，她的婆婆正在谈她怎么教养她的几个孩子，她说："不管事情怎么样，我总会要求他们保持本色。"

"保持本色！"就是这句话！在那一刹那之间，苔丝才发现自己之所以那么苦恼，就是因为她一直在试着让自己适合于一个并不适合自己的模式。

苔丝后来回忆道："在一夜之间我整个改变了，我开始保持本色。我试着研究我自己的个性，自己的优点，尽我所能去学色彩和服饰知识，尽量以适合我的方式去穿衣服。主动地去交朋友，我参加了一个社团组织——起先是一个很小的社团——他们让我参加活动，我吓坏了。可是我每发一次言，就增加了一点勇气。这一天我所有的快乐，是我从来没有想到可能得到的。在教养我自己的孩子时，我也总是把我从痛苦的经验中所学到的结果教给他们：'不管事情怎么样，总要保持本色。'"

每个人都有自己的本色，每一位成功者之所以成功，就是注意到了自己的本色，保持住了自己的本色，并把它发挥到极致。所以你应该标榜个性，做最真的自己。如果你不能成为一棵大树，就做一丛灌木；如果你不能成为一丛灌木，就做一棵小草。我们不可能都是船长，必须有人当水手。只要你能保持自己的本色，水手也一样能成为别人眼中的优秀者。不模仿别人，也许你不是最好的个体，但却是独一无二的。

任何时代，本色都是一个人的闪光点，保持自己的本色，就保持了一份真实，就保留了最基本的价值。而这种价值也是吸引他人的一个重要因素。因此说，保持自我本色，很多时候要比故意做作更能让人信赖，更受人欢迎，而这种信赖和欢迎正是我们走向成功的助推器。

别太把自己当回事

有这样一个故事：

有一位很有名的学者，很是自傲，总是认为自己很了不起，以为自己很重要，好像觉得世上没有了他就少了什么。可是一件小事改变了他的看法。一次家庭聚会，有几十个人，到了吃饭时间，他故意把自己藏在餐厅的柜子里，好让别人都来找他时，给别人一个突然的惊喜。可是意外发生了，由于大家都沉浸在欢乐的气氛中，都只注意到临近的人，直到用完餐为止，居然没有一个人发现少了他，他实在是憋不住了，从柜子里跑了出来，一副很沮丧的样子。从此，他明白了自己并不是很重要。

在现实生活中，我们总是迷失在这个错误的感觉中，自以为自己很重要，但实际上，在别人眼里却是微乎其微的。在芸芸众生之中，你只是一个名字、一个过客、一个无关痛痒的陌生人。别以为自己能对别人有多大的影响，对这个社会和世界有多大的改变。没有你的微笑，世界照样美好。

世界不会因为缺少了我们而变得有所不同。其实，有很多时候我们并不是很重要，也不是不可或缺的，我们只不过是假想自己很重要而已。

布思·塔金顿是20世纪美国著名小说家和剧作家，他的作品《伟大的安伯森斯》和《爱丽丝·亚当斯》均获得普利策奖。在塔金顿声名显鼎盛时期，他在多种场合讲述过这样一个故事。

那是一个红十字会举办的艺术家作品展览会上，我作为特邀的贵宾参加了展览会。期间，有两个可爱的十六七岁的小女孩来到我面前，虔诚地向我索要签名。

"我没带自来水笔，用铅笔可以吗？"我其实知道他们不会拒绝，我只是想表现一下一个著名作家谦和地对待普通读者的大家风范。

"当然可以。"小女孩们果然爽快地答应了，我看得出她们很兴奋，当然她们的兴奋也使我备感欣慰。

一个女孩将她非常精致的笔记本递给我，我取出铅笔，潇洒自如地写上了几句鼓励的话语，并签上我的名字。女孩看过我的签名后，眉头皱了起来，她仔细看了看我，问道"你不是罗伯特·查波斯啊？"

"不是，"我非常自负地告诉她，"我是布思·塔金顿，《爱丽丝·亚当斯》的作者，两次普利策奖的获得者。"

小女孩将头转向另外一个女孩，耸耸肩说道："玛丽，把你的橡皮借我用用。"

那一刻，我所有的自负和骄傲瞬间化为泡影。从此以后，我都时时刻刻告诫自己；无论自己多么出色，都别太把自己当回事。

　　的确如此，在生活中，我们自以为很重要的东西，也许在某些人眼里，根本就不值一提。所以，我们千万别自以为是，别以为自己有多么了不起。

　　一个自以为很有才华的年轻人，一直得不到重要，为此，他愁肠百结，异常苦闷。有一天，他去质问上帝："命运为什么对我如此不公？"上帝听了沉默不语，只是捡起了一颗不起眼的小石子，并把它扔到乱石堆中。上帝说："你去找回我刚才扔掉的那个石子。"结果，这个人翻遍了乱石堆，却无功而返。这时候，上帝又取下了自己手上的那枚戒指，然后以同样的方式扔到了乱石堆中。结果，这一次他很快便找到了他要找的东西——那枚金光闪闪的金戒指。上帝虽然没有再说什么，但是他却一下子便醒悟了：当自己还只不过是一颗石子而不是一块金光闪闪的金子时，就永远不要抱怨命运对自己不公平。

　　有许多人都和这位年轻人一样，总是抱怨上天的不公，以为自己很重要，以为自己很了不起，其实这不过是自以为是，高估了自己的能力。所以，我们要记住这句话："当我们相信自己对这个世界已经很重要的时候，这个世界才刚刚准备原谅我们的幼稚。"

　　别把自己太当回事，这并非是妄自菲薄，也并非是对自己能力的否定，更非对自我的瞧不起；恰恰相反，别把自己太当回事，这是出于对自己正确客观的认识，从而让自己更好地相信自己，勇于去挑战、去追求，让生命走向一次又一次的辉煌与卓越！

正确看待自身的优势和劣势

有一句格言说："不是因为遭遇了挫折，我们才迷失自我；而是因为我们迷失了自我，才会有那么多的失败。"有较高情商的人是从来不会迷失自己的，因为他们懂得欣赏自己。对于自我，他们坦然地承认、欣然地接受，不排斥自己、不欺骗自己、当然也从不拒绝自己、更加不会怨恨自己。欣赏自我是我们在培养高情商的道路上必走的一步。

每个人都不可能是十全十美的，都会有缺陷，不要因为这些缺陷而恼恨，要勇敢地面对缺陷，将自卑甩在身后，才能让我们重新扬起自信的风帆，才会使我们重新展开希望的翅膀，从而抵达胜利的彼岸。

有一个名小雅的女孩，她有一项出色的本事：在拥挤嘈杂的环境中，她能够仅凭自己的眼睛、站姿和微笑吸引住每个人的目光。她想做什么就能做到什么，想与哪个男孩约会就能与哪个男孩约会。她凭借自信而充满活力的美好形象将每一个有好感的人吸引到自己身边。

很多比她漂亮的女孩都不服气，有人还刻薄地说："那些男孩到底看上她什么了？她长得这么困难！单眼皮，小眼睛。凭什么呀！"的确，小雅并不属于天生丽质的那类女孩，尤其是她长了一双典型的单眼皮眼睛，这让她在一群明眸善睐的漂亮女孩中相形见绌。

　　有一阵子，全世界的单眼皮女孩都如火如荼地将单眼皮割成双眼皮，有人劝小雅说："去割个双眼皮吧，你会更漂亮的。"小雅听了不为所动，她根本不想加入这个疯狂的队伍之中。她觉得自己的单眼皮很漂亮，很独特，也很适合自己脸型和性格，关键是如何让自己的单眼皮更吸引人，为此，她用心关注单眼皮女孩的化妆技巧，努力保持天然本色。久而久之，她的眼睛有了一种独特的神韵。

　　此外，小雅还非常注重个人的外表修饰，言谈举止的优雅得体，那些和小雅相处的男孩无一例外地发现，一旦他们与小雅相处久一点，很快就会被小雅征服，她的举手投足之间，散发出的魅力令他们深深着迷。"尤其是她那双单眼皮眼睛，在那么多大眼美女中，太不一般了。"一个追小雅的男孩这么说。

　　没有一个男人不喜欢漂亮的女孩，可漂亮的相貌和身材能吸引目光，却不能保证让目光永远停留。在小雅看来，与其花一笔钱、忍受痛苦割个双眼皮，把自己变成大众型美女，不如好好"经营"自己独特之处，让单眼皮大放异彩。在双眼皮大行其道的世界里，她完全可以凭着天生的单眼皮独领风骚，这不，她做到了。

　　学会接纳自己，接纳自己的缺陷，真诚地喜欢自己，喜欢自己的不完美，喜欢自己的个性。你会发现你不仅拥有喜悦感的生活和人生，而且还会获得更多的魅力。

　　墨子说过："甘瓜苦蒂，天下物无全美。"世界永远存在缺陷，我们的个人也就难免会有缺陷。缺陷人人会有，而关键在于我们如何去对待它。我们只有接受缺陷才能够看到更完美的人生，我们要学会欣赏自己的不完美，学会利用缺陷，将它转化成成功的有利条件。正视缺陷，它将激发出我们更大的创造力和激情。

某大学举办了一个"才艺大观"节目，每位同学都有机会表演，可以发表演讲，也可以说谜语、讲笑话，目的就是展示自己，并且能给大家带来笑声。

终于轮到付小彬登台亮相了。付小彬是班里男生中最矮的一个，只见他慢腾腾地走上讲台，摘下那顶作为道具用的西部牛仔帽，向同学们深鞠一躬，然后就开始了他充满激情的演讲：

"我想大家都知道，从外貌和身材上看，本人实在是有些对不起观众，但大家应该也知道，拿破仑的身高才一米五九，我比他还高出一厘米呢；再看我的前额，当然谈不上什么天庭饱满了，可苏格拉底和斯宾诺莎也是如此；我的鼻子略显高耸了些，如同伏尔泰和乔治·华盛顿的一样；我这肥厚的嘴唇足以同法国国王路易十四媲美；也许你们会说我的耳朵大了些，可是举世闻名的塞万提斯也是招风耳啊；我的手掌肥厚，手指粗短，大天文学家爱丁顿也是这样。瞧，我身上的所有，集合了诸多伟人的共同特点……"

当付小彬作完他的演讲走下讲台时，班里爆发出经久不息的掌声。

这个故事告诉人们，如果能够坦然地、微笑着面对自己生命中的一些缺憾和不足，愉悦地接纳自己，运用积极的思维扬长避短，充分发挥自己的潜力，同样会带来"柳暗花明又一村"的美景。

有一位成功人士曾说："别在乎别人对你的评价，否则，这会成为你的包袱，我从不害怕自己得不到别人的喝彩，因为我会记得随时为自己鼓掌。"人们要学会接受自己的不完美，接受之后要学会淡然面对，这种淡然的精神并不是每个人都有的，它表现的是一种对生活的豁然与自信。此时的缺陷不再是一种需要去刻意掩盖或自卑的东西；也不再是失败的借口或者自我安慰的谎言；而是在生活中为自己争取其他优势的资本，是成功道路中必然经历的过程。

克己自制，有效地约束自己

什么叫克己自制？用马克·吐温的一句话来解释就是："关键在于每天去做一点自己心里并不愿意做的事情，这样，你便不会为那些真正需要你完成的义务而感到痛苦，这就是养成自觉习惯的黄金定律。"简单来说，也就是一个人为执行某种目的或任务而控制自己的情绪、约束自己言行的能力。它是一种可贵的意志品质，是一个人在事业上取得成就的重要条件。

哈佛大学心理学教授丹尼尔·戈尔曼认为，自制力是情商管理的一种能力，对人的一生有着重要影响。但丁曾经说过"测量一个人的力量的大小，应看他的自制力如何。"生活中，人们会碰到许多诱惑，自制力弱的人往往不知不觉陷入其中；而自制力强的人能控制自己做出有利于自己和符合社会需要的行动。古今中外成大事者，无不拥有自制的品格。

许衡是我国古代杰出的思想家、教育家和天文历法学家。一年夏天，许衡与很多人一起逃难。在经过河阳时，由于长途跋涉，加之天气炎热，所有人都感到饥渴难耐。

这时，有人突然发现道路附近刚好有一棵大大的梨树，梨树上结满了清甜的梨子。于是，大家都你争我抢地爬上树去摘梨来吃，唯独只有许衡一人，端正坐于树下不为所动。

众人觉得奇怪，有人便问许衡："你为何不去摘个梨来解解渴呢？"许衡回答说："不是自己的梨，岂能乱摘！"问的人不禁笑了，说："现在时局如此之乱，大家都各自逃难，眼前的这棵梨树的主人早就不在这里了，主人不在，你又何必介意？"

许衡说："梨树失去了主人，难道我的心也没有主人吗？"许衡始终没有摘梨。

自制的最高境界是慎独，它能让一个人在无人监督的时候仍然能够不被外物所左右，而是丝毫不放松自我监督的力度，谨慎自觉地按照一贯的道德准则去规范自己的言行，一如既往地保持道德自觉。上例中的许衡就是这样的人

自制力强的人善于克制自己的欲望，善于律己，决不做欲望的奴隶。德国诗人歌德说："谁若游戏人生，他就一事无成，不能主宰自己，永远是一个奴隶。"一个人要主宰自己，就必须对自己有所约束、有所克制。因为毫无节制的活动，无论属于什么性质，最后必将一败涂地。无论做任何事情，自制都至关重要。自我节制、自我约束是一种控制能力，尤其能控制人们的性格和欲望，一旦失控，随心所欲，结局必将一败涂地，不可收拾。

有个时期，美国石油大亨保罗·盖蒂的香烟抽得很凶，有一天，他度假开车经过法国，那天正好下着大雨，地面特

别泥泞，开了好几个钟头的车子之后，他在一个小城里的旅馆过夜。吃过晚饭后他回到自己的房里，很快便入睡了。

盖蒂清晨两点钟醒来，想抽一支烟，打开灯，他自然地伸手去找他睡前放在桌上的那包烟，发现是空的。他下了床，搜寻衣服口袋，结果毫无所获。他又搜索他的行李，希望在其中一个箱子里能发现他无意中留下的一包烟，结果他又失望了。他知道旅馆的酒吧和餐厅早就关门了，心想，这时候要把不耐烦的门房叫过来，太不堪设想了。他唯一能得到香烟的办法是穿上衣服，走到火车站，但它至少在六条街之外。

情景看起来并不乐观，外面仍下着雨，他的汽车停在离旅馆尚有一段距离的车房里。而且，别人提醒过他，车房是在午夜关门，第二天早上六点才开门。这时能够叫到计程车的机会也将等于零。

显然，如果他真的这样迫切地要抽一支烟，他只有在雨中走到车站，但是要抽烟的欲望不断地侵蚀他，并越来越浓厚。于是他脱下睡衣，开始穿上外衣。他衣服都穿好了，伸手去拿雨衣，这时他突然停住了，开始大笑，笑他自己。他突然体会到，他的行为多么不合逻辑，甚至荒谬。

盖蒂站在那儿寻思，一个所谓的知识分子，一个所谓的商人，一个自认为有足够的理智对别人下命令的人，竟要在三更半夜，离开舒适的旅馆，冒着大雨走过好几条街，仅仅是为了得到一支烟。

盖蒂生平第一次认识到这个问题，他已经养成了一个不可自拔的习惯。他愿意牺牲极大的舒适，去满足这个习惯。这个习惯显然没有好处，他突然明确地注意到这一点，头脑便很快清醒过来，片刻就作出了决定。

他下定决心，把那个依然放在桌上的烟盒揉成一团，放进废纸篓里。然后他脱下衣服，再度穿上睡衣回到床上。带着一种解脱，甚至是胜利的感觉，他关上灯，闭上眼，听着打在门窗上的雨点。几分钟之后，他进入一个深沉、满足的睡眠中。自从那天晚上后他再也没抽过一支烟，也没有抽烟的欲望。

从此以后，保罗·盖蒂再也没有抽过香烟。后来，他的事业也越做越大，成为世界顶尖的富豪之一。

从这个故事可以看出，自制力强的人能够控制、支配自己的行动，并能自觉地调节自己的行为。高尔基曾经说过："哪怕是对自己的一点儿小的克制，也会使人变得强而有力。"要主宰自己并主宰自己的命运，必须对自己有所约束、有所克制。如果缺乏自制力，就像是汽车缺少了方向盘和刹车，很难避免犯规、闯祸，甚至发生撞车、翻车等意外。想要避免意外的发生，最基本的做法当然就是培养自制力。

自制是一个成功者的基本素质。没有自制力的人，是无法取得成功的，因为自制力是取得成功的基石，不管是对普通人还是对王公贵族都是一样，没有了自制力，也就不能控制自己的言行，也就谈不上成功了。

别和自己太较劲，活着就应该洒脱些

在生活中不管遇到什么事，我们都要对自己好一点，不要把苦闷留给自己，不要跟自己过不去。现实生活中，我们发现有些人总爱赌气，遇事想不开，迷失自我。同时，有些人，还爱钻牛角尖，甚至有点"神经质"。为何那样多的人，老是与自己过不去呢？很多时候，是我们自己放大了烦恼，郁郁寡欢，一味地跟自己较劲。其实，我们大可以活得轻松一些，顺其自然，无须为生活拴上太多的铁链。

有句话说得好："一个人的世界，一个人的快乐和成功只属于这个人自己。"凡事别跟自己过不去，永远保持对生活的美好向往和执著追求，才能做到更加珍惜生活，积极创造生活。

刘楠家的空调外机因为对面楼盘施工被砸坏，却无人负责。刘楠又热又气，一晚上没有睡好觉。第二天早上，她上班坐电梯时，被一条宠物狗撞到。原本心情郁闷的她飞起一脚将狗狗踢出电梯，却发现雪白的裙子被可恶的家伙留下了几个抓痕。上班路上，她得到了暗恋已久的人将要结婚的消息。情绪一激动，她随手将手机扔掉。到了公司，她慢条斯理地整理文件，一个小时后发现同事们都匆匆地去了会议室。老板因为刘楠没有完成手头工作，且衣衫不整，勒令其写检查。中午，刘楠又受到人员调动的通知，自己被调到最不吃香的部门。吃晚饭时，表妹告诉刘楠，远在千里之外的姥姥病危，而刘楠没有休假时间。下班回家的路上刘楠觉得这一天所有人都在跟她过不去，日子简直糟糕透了。

就在刘楠对着一棵大树拳打脚踢时，一位清洁工将手机递到她面前。原来这位好心的大姐捡到手机后一直在附近等待失主，又凭借相片认出了刘楠。刘楠连连道谢，打开手机一看，开会的通知是在她扔掉手机几分钟后发出的。走到单元楼下，一楼邻居对她说："早上狗狗自己跑进了电梯，我在寻找时发现你家的空调外机坏了，就让先生帮你修了一下。"刘楠又是一阵感激。回到家中，公司打来电话说，刘楠将被任命为新调部门的副经理。为了帮助其转变思维，更好地适应工作，公司决定给她三天的休假时间。刘楠有时间去看姥姥了。不多时，刘楠的家门被敲开，门外站着她暗恋的人。他紧张地说："你对于我结婚的消息无动于衷吗？我那么喜欢你，还是想听到你当面的回答。"原来结婚只是他试探刘楠的伎俩。这时候刘楠突然醒悟：其实生活没有那么糟！

刘楠的生活本来就没有多大的问题：空调外机被砸坏，找人修一下就好了；衣服被狗狗抓脏，洗一下就什么也看不到了；暗恋之人要结婚说明她可以解脱了；公司人员调动，她可以尝试一下新的工作；儿孙满堂的姥姥病危也没有什么遗憾。然而，刘楠却觉得生活糟糕透顶，是因为她一直在跟自己过不去，心思一直再往坏处想。下班之后，一切问题似乎都烟消云散。再难的事情也会有解决的办法，如果一味地沉浸在烦恼之中不能自拔，换来的只能是责备和抱怨世事的不公。所以说，与其这样总和自己过不去，让自己在委屈和消极中饱受煎熬，还不如调整好自己的心态，开心每一天，快乐每一天，幸福每一天，何乐而不为呢？

人最大的敌人是自己，要想摆脱坏脾气、创造好的心情，首先得摆平自己，凡事都要想开点，千万别跟自己过不去。

其实，生活中，只要我们不跟自己过不去，没有人会跟我们过不去。苦恼总是有的，有时人生的苦恼，不在于自己获得多少，拥有多少，而是自己想得到更多。人有时想得到更多，而自己的能力很难达到，所以我们便感到失望和不满。然后，我们自己折磨自己，说自己"太笨"、"不争气"等等，就这样经常跟自己过不去，与自己较劲。

　　静下心来仔细想想，生活中的许多事情，并不是你的能力不强，恰恰是因为你的愿望不切实际。我们要相信自己的天赋具有做种种事情的才能，当然相信自己的能力并不是强求自己去做一些力所不能及的事情。事实上，世间任何事情都有一个限度，超过了这个限度，好对事情都可能是极其荒谬的。我们应该常常肯定自己，尽力发展我们所能够发展的东西，剩下的，就安心交给老天。只要尽心尽力，只要积极朝着更高的目标迈进，我们的心中就会保持着一份悠然自得。从而，也不会再跟自己过不去，责备、怨恨自己了，因为，我们尽力了。即使在生命结束的时候，我们也能问心无愧地说"我已经尽了最大的努力"，那么，你真正地此生无憾了！

　　对于尽了力也做不到的事情，就不要再勉强自己去做了；对于已经发生的事，就不要再去想那些让人气愤的过程了；对于不属于自己的东西，就不要再执着了。事情既然如此，就顺其自然吧，关键是要享受生活，而不是硬和自己较劲儿，把生活给涂上黯淡的色彩。

　　不管遇到什么事，我们都要对自己好一点，不要把苦闷留给自己，不要跟自己过不去。心态决定了你的生活是否快乐，快乐的人有着淡定的心，他们也从来不会和自己过不去，因为这是不明智的选择，坦然面对吧！

调控自我情绪，提高承受挫折的能力

情商的一项基本内容就是管理自我，调控自我的情绪，使之适时、适地、适度。这种情绪的自我管理能力建立在自我觉知的基础上，是自我安慰，有效地摆脱焦虑、沮丧、激怒、烦恼等因失败而产生的消极情绪侵袭的能力。如果这一能力低下就会使人总是陷于痛苦情绪的漩涡之中；反之，这一能力高者就可以使人从人生的逆境、挫折和失败中迅速跳出，从而走向胜利的彼岸。

人生不如意是常事。尽管每个人都渴望幸福的生活，没有荆棘，但是，曲折、磨难、逆境总会不请自到。关键是我们自己要调整好心态并努力为之。越是身处逆境，越不能向命运低头；越是遭到挫折，越要懂得发奋；越是遭遇厄运，越要活出精神！

从记事起，他就知道父亲是个赌徒，母亲是个酒鬼；父亲赌输了，打完母亲再打他；母亲喝醉后，同样也是拿他出气。

拳打脚踢中，他渐渐地长大了，但经常是鼻青脸肿、皮开肉绽。好在那条街上的孩子大都与他一样，成天不是挨打就是挨骂。

像周围大多数孩子一样，跌跌撞撞上到高中时，他便辍学了。接下来，街头鬼混的日子让他备感无聊，而绅士淑女们蔑视的眼光更让他觉得惊心。

他一次次地问自己：难道自己一辈子就在别人的白眼中

度过？

一次又一次的痛苦追问后，他下定决心走一条与父母迥然不同的道路。但自己又能做些什么呢？他长时间地思索着。

从政，可能性几乎为零；进大企业去发展，学历与文凭是目前不可逾越的高山；经商，本钱在哪里……

最后他想到了去当演员，这一行既不需要学历也不需要资本，对他来说，实在是条不错的出路。可他哪里又有当演员的条件呢？相貌平平，又没有天赋，再说他也没受过相关的训练啊！

然而决心已下。他相信，即使吃透世间所有的苦，他也不会放弃。

于是，他开始了自己的"演员"之路。他来到好莱坞，找明星，找导演，找制片，找一切可能使他成为演员的人恳求："给我一个机会吧，我一定会演好的！"

很不幸，他一次又一次地被拒绝了，但他并未气馁。每失败一次，他就认真反省，然后再度出发，寻找新的机会……为了维持生活，他在好莱坞打工，干些粗笨的零活。

两年一晃而过，他遭到了一千多次拒绝。

面对如此沉重的打击，他不断地问自己：难道真的没有希望了吗？难道赌徒酒鬼的儿子就只能做赌徒酒鬼吗？不行，我必须继续努力！

他想到写剧本，如今的他已不是初来好莱坞的门外汉了。两年多的耳濡目染，每一次拒绝都是一次学习和一次进步，他大胆地动笔了。

一年后，剧本写了出来，他又拿着剧本遍访各位导演："这个剧本怎么样？让我当主演吧！"剧本还可以，至于让他这样一个无名之辈做主演，那简直就是天大的玩笑。不用说，他再次被拒之门外。

在他遭到一千三百多次拒绝后，一位曾拒绝了他二十多次的导演对他说："我不知道你能不能演好，但你的精神让我感动，我可以给你一个机会。我要把你的剧本改成电视连续剧，不过，先只拍一集，就让你当男主角，看看效果再说；如果效果不好，你从此便断了当演员这个念头吧。"

为了这一刻，他已做了三年多的准备，机会是如此宝贵，他怎能不全力以赴？三年多的恳求，三年多的磨难，三年多的潜心学习，让他将生命融和到自己的第一个角色中。

幸运女神就在那时对他露出了笑脸。他的第一集电视剧创下了当时全美最高收视纪录——他成功了！

现在，他已经是世界顶尖的电影巨星，他就是大家熟悉的史泰龙。

关于史泰龙，他的健身教练哥伦布曾经做出如此评价：

"史泰龙从来不惧怕失败，他的意志、恒心与持久力都令人惊叹。在逆境中，他善于调整自己的情绪，他是一个行动专家，他从来不让自己情绪低落，从不在消极的思想中等待事情发生，他主动令事情发生。"

面对逆境，沮丧、灰心、绝望地悲叹命运不公都无济于事。在逆境中，我们要保持一颗乐观向上的心，坦然面对失败，从现在开始，凭借自身有的力量，挑战生活，挑战逆境，我们相信，任何困难和艰险都不会阻止我们迈向成功的脚步。只有历经磨难，才能到达巅峰，才能看到最美的风景，逆境不可怕，可怕的是没有挑战逆境的勇气。只有认真、努力地对待逆境，它才会变成一条蜿蜒的小路将我们导引向成功的殿堂。

在生活中，没有人喜欢逆境和挫折，但是唯有它们，才会让人不断反省、进步，只有弄清自己的弱点和不足，明白理想同现实的距离，才能够克服困难，真正让自己成熟起来，走向成功。

日本独立公司是专为伤残人设计和生产服装而设立的，赢得消费者的好评。

这家公司的老板是一位叫木下纪子的妇女，过去她曾管理过两个室内装修公司，并且小有名气。可是，正当她在选定的道路上迅速发展的时候，不幸降临到她的头上，她突然中风，半身瘫痪了，连吃饭穿衣都难以自理。当她从极度的痛苦中摆脱出来，清醒思考的时候，她问自己：这辈子难道就这样了结了吗？不！必须振作起来。穿衣服这件事虽然是个小事，但又是每天都遇到的事情，对一个残废人来说又多么重要啊！难道就不能设计出一种供伤残人容易穿的衣服吗？

一个新的念头突然而至，使她顿时兴奋起来。她忘记了自己的痛苦，甚至忘记了自己是一个左半身瘫痪的人。

木下纪子根据自己的设想加之以往管理的经验，办起了世界第一家专门为伤残人设计和生产服装的服装公司——"独立"公司。"独立"这个字眼不仅向人们宣告伤残人的志愿和理想，同时也说出了木下纪子自己的心声：她要走一条独立自主的生活道路。

木下纪子按残废人的特点及心理，设计出适合伤残人穿的服装。独立公司开张后生意日益兴隆，有时一个季度就可销售五万多美元的服装。由于她事业上的成功，在日本这个以竞争著称的国家，竟得到了十家不同行业的支持，木下纪子还准备把她的产品打入国际市场。她的这一计划不仅得到日本政府的支持，同时也得到了外国友人的帮助，她和一家美国同行组成了一个合资公司。

木下纪子为公司的发展呕心沥血，走过了漫长的路。她向一位来访者宣称：为伤残人生产产品固然重要，改变伤残人的形象更重要。尽管我们的身体残废了，但我们的精神并没有残废。我所做的就是想让人们看到我们伤残人不但生活得非常有朝气，而且也同样是生活中的强者。

在逆境中，人的情绪会极端消沉，高情商者能很快走出失败的阴影，自己拯救自己。

情商高的人对现实的适应性强，集中地体现在挫折承受能力上。正视失败并不意味着消极地承受，相反，它意味着转败为胜的可能。转败为胜的关键在于信心。只要建立起信心，坚持奋斗，就必定能突破困境。

第六章 有"礼"走遍天下

——情商高就是懂礼仪

遵守餐桌礼仪，保持优雅风度

观察饭桌上的"吃相"是考量一个人有无教养最简单的方法，因为"吃"是最容易看出一个人的素质和教育。有人说，你怎样品味食物，别人就怎么品味你。也有人说，在你细品食物的同时，别人也在细品你。你在饭桌上的言行举止，会直接影响别人对你的看法，对方能够以你的吃相来判断你是否是一个值得合作的人。在某种意义上，通过餐桌上的细枝末节完全可以看出一个人的文化与素养。

方小姐受邀去参加一次宴会。出发前她精心的装扮了自己，穿上了自己最喜欢的晚礼服。果然，她的出现让很多人眼前一亮。看着大家赞赏的目光，方小姐心里乐开了花。

进餐时，方小姐不知何故，把汤喝得"吱溜"响，惹得别人都看她，她却浑然不觉。但是从此以后，宴会的主人对方小姐就很冷淡了，也没有再次邀请过她参加宴会了。

餐桌上的表现最能体现一个人的修养。再精心的妆容，再得体的打扮，如果缺乏必要的用餐礼仪，也不会讨人喜欢的。可见，在饭桌上的行为举止给别人的印象是何等重要，真可谓是"成也吃相，败也吃相"，因此，女性朋友要多多了解关于吃喝的礼仪。

在用餐时应避免一些小动作。一些无意识的小动作在别人的眼中可能都是啧啧称奇的坏习惯。例如，边吃边摸头发，有些人并不在意，而其他人却非常嫌恶。此外，用手指搓搓嘴、抓耳挠鼻等小动作，都深深的违反了餐桌的礼节。

吃饭时最忌讳表现出贪吃的样子。如饭前眼睛直勾勾地盯着餐桌上的菜，进餐时狼吞虎咽等，这些都是不礼貌的行为。正确的做法是：入席落座后，菜没上齐前，可与大家聊聊天；进餐时，应细嚼慢咽，这不但有利于品味和消化，而且符合餐桌上的礼仪要求。

夹菜的规矩。一般是在自己面前夹菜，不要伸到离自己较远处夹菜。不要把盘碟里的菜翻来翻去选择自己喜爱的部分，应自上而下夹取面对自己的那一部分菜，不可夹着菜在菜盘中抖个不停。如果宴席用转盘，也应按顺序轮流夹取自己面前的那部分菜，随后即旋转给下一个人。不要只顾自己的爱好，在菜未转到时，就伸筷子去等候。旋转转盘时，要注意看是否有人正在夹菜，等别人夹好了再转转盘。如果要给客人或长辈夹菜，最好用公筷，也可以把离客人或长辈远的菜肴送到他们跟前。按我们中华民族的习惯，菜是一个一个往上端的。如果同桌有领导、老人、客人的话，每当上来一个新菜时就请他们先动筷子，或者轮流请他们先动筷子，以表示对他们的重视。

吃饭时不要出声音，喝汤时也不要出声响。喝汤用汤匙一小口一小口地喝，不宜把碗端到嘴边喝，汤太热时凉了以后再喝，不要一边吹一边喝。有的人吃饭喜欢咀嚼食物，特别是使劲咀嚼脆食物发出很清晰的声音来，这种做法是不合礼仪要求的。特别是和众人一起进餐时，就要尽量防止出现这种现象。

如果遇到不好吃的食物或异物入口时，注意不要引起同桌吃饭的人的不快，但也不必勉强把口中的东西硬吃下去。最好的方法是用餐巾遮住嘴，赶紧吐到餐巾上，让服务员来换块新的餐巾。

最好不要在餐桌上剔牙。如果你的牙缝里塞了东西让你感到不适，先喝口水漱口，如果仍无法冲刷出来，也别在餐桌用牙签剔牙，这时你应到洗手间去处理。如果你确实需要当众剔牙，最好用一只手挡住你的嘴，千万不要咧着嘴冲着他人。

如果不小心在餐桌上泼洒了东西，而且洒了很多的情况下，要叫服务员来清理你弄脏的地方，同时向其他客人表示歉意。如果污渍不能清除干净，服务员会给你再铺上一块新的餐巾，把脏东西盖住，然后再继续用餐。

中途如果要离席，不要将餐巾直接放到桌子上，而是把餐巾放在椅子面上或是搭在椅背上。如果用餐完毕，则可以将餐巾稍稍折叠放在桌子上。

尽量不要在进餐时中途退席，如有事确需离开，应利用上菜的空当向同席的人说明情况，表示歉意后再离开。

总之，在用餐时遵守餐桌礼仪，保持良好的仪态修养，不仅能体现一个人的教养，还能拉近自己与别人的距离，获得别人的好感。鉴于餐桌礼仪在人们生活中的重要性，每一个人都很有必要掌握一些餐桌礼仪。

别让教养配不上你的美貌

在生活中，人们往往喜欢用"这个人有教养"来表示对他人的好感，而用"这个人教养不够或没有教养"来表示不喜欢的程度。所以，"有没有教养"便成了评论一个人好坏的第一印象。

什么是教养？教养主要指文化和品德的修养，有教养的人都具有良好的道德品质和行为习惯。做一个有教养的现代人，是文明社会对人的基本要求。

当我们接触与一个人之后，常常会说："这个人谈吐不俗，很有教养"；"这个人温文尔雅，举止大方"；"这个人满嘴脏话，素质太差"；"这个人一点不讲文明，不像一个现代人"；"这个人真邋遢，衣服皱皱巴巴的"……这些都是一个人是否有教养的表现。

英国17世纪伟大的哲学家和启示思想家约翰·洛克在《教育漫话》中写到："教养润饰了人的所有其他美德而使用权之光彩夺目，这些美德变得有用，为美德的拥有者赢得了周围人的尊重与善意。没有教养，其次一切成就就会被人看成骄夸、自负、无用或愚蠢"。教养是一个人在社会上得以认可的名片。走到哪里，这张名片就带到哪里，它可以令别人欣赏自己，也会遭到别人的唾弃和不屑。一个有教养的人，在学习、工作和生活上都能表现出良好的个性，处处受到欢迎。

教养是一个人所必备的基本美德。18世纪末政治家、思想家勃客曾写过这样的话："教养比法律还重要……它们依着自己的性能，或推动道德，或促成道德，或完全毁灭道德。"一个人可以不聪明，可以不可爱，甚至也可以没有远大的理想，但是不能没有教养，教养是一种潜在的品质；没有教养、没有规矩的人注定会成为这个社会摈弃的废品。

有一家外资企业高薪招聘应届大学毕业生，对学历、外语的要求都很高。应聘的大学生过五关斩六将，到了最后一关：总经理面试。一见面，总经理说："很抱歉，年轻人，我有点急事，要出去10分钟，你们能不能等我？"这仅剩的几位大学生们都说:"没问题,您去吧,我们等您。"经理走了,大学生们闲着没事,围着经理的大写字台看,只见上面文件一叠,信一叠,资料一叠。都是些什么呢?他们你看这一叠,我看这一叠,看完了还交换:哎哟,这个好看,哎哟,那个好看。

10分钟后,总经理回来了,他说:"面试已经结束,你们中的那一位同学留下,其余都没有被录用。"大学生们个个瞪大了眼睛,"这是怎么回事,面试还没开始呢?"总经理说:"我不在的这一段时间,你们的表现就是面试。很遗憾,本公司从来不录用那些乱翻别人东西的人。"

这家公司为什么不录用他们呢?真正优秀的学生应该是有良好习惯的学生,而这几位大学生没有养成尊重他人,未经允许不乱翻他人东西的好习惯,是没有教养的表现。毋庸讳言,当下有不少人缺乏教养。美国首位华裔市长黄锦波就曾一针见血地指出:"很多中国人受过教育,但没有教养",这个批评值得我们深刻反思。

教育不等于教养,有教育不等于有教养,教育和教养是两个完全不同的概念。教育教给人的的确,是科学文化知识,逻辑分析能力;而教养则教会人如何作一个人,如何尊重别人并且也得到别人的尊重,如何遵守社会道德规范,做一个中规中矩的人。教育和教养的区别是很大的。一个接受过良好教育的人,并不代表他拥有了良好的教养。为什么很多人才高八斗,学富五车,却不受人欢迎?是因为他们的教养不够,态度不好。受人喜爱和欢迎的人,则是懂得做人的人,有教养的人。

教养并不一定取决于文化高低、出生贵贱,而教养又的确说明人的素质优劣。教养是超越人性本能的一种控制力、约束力。

能否约束好自己是有教养的体现，它是一种美德，能锻炼一个人的恒心。有教养的人之所以能得到人们的尊敬，就在于他们不会纵容自己，他们总是不断的反省自己，永远地自律，让约束这把剪刀不断修整着自己不完美的曲线，在世人面前彰显君子风度和树立。

　　维特门是哈佛大学毕业的著名律师，当被选为州议员之后，他穿着乡下人的服装，从农庄来到了波士顿，在一家旅馆的客厅里坐下休息。这时候，他听到一群绅士、淑女在议论："呵，来了一个地道的乡巴佬，我们逗逗他。"

　　于是，他们就围了过来，向他提出各种各样的怪问题，企图嘲弄他。维特门站起来说："女士们、先生们，请允许我祝愿你们愉快和健康。在这文明的时代里，难道你们不可以变得更有教养、更聪明些吗？穿着高贵，言词如此，这是虚伪。你们仅从我的衣着看我就不免看错了人，以为我是乡巴佬。而我呢，因为同样的原因，还以为你们是绅士、淑女。其实，我们都错了。"

　　这时，有人进来尊称维特门先生，维特门转过身来，对那伙呆若木鸡的人说："再见了，祝你们晚安。"

　　教养是一个人的品德和文化的修养，它直接的外在表现就是一个人的文明素养，一个有教养的人一定是一个懂礼的人。一位哈佛大学的教授曾说过："如果你失去了今天，你不算失败，因为明天会再来；如果你失去了金钱，你也不算失败，因为人生的价值不在钱袋；如果你失去了教养，你是彻彻底底的失败，因为你失去了做人的根本，注定没有未来。"

　　现代社会中，有教养的人总会表现出良好的个性，受到人们的欢迎。一个人如果没有才华，不会有人怪他，但是如果一个人没有好的教养，即使他才高八斗、学富五车也不会又人看得起他。教养是一种潜在的品质，一个有教养的男人总是让人心生好感；而一个有教养的女人，总是让人如沐春风。

卡耐基夫人说："记得有一次，我和几个朋友在美国约塞米蒂国家公园旅游，受到美国人热爱露营的感染，我们也简单地收拾了一下车厢，加入了美国人露营的队伍。那是一片原始森林中整理出来的很大的空地，100多辆车，差不多有100多个露营的家庭和伙伴，晚上大家支起篝火，炊烟袅袅，像是一个无比热情喧闹的大家庭。人们听着音乐，烤着肉，喝着酒……第二天清晨，当我迟迟地醒来，所有的车辆已悄然地离开了这里。我发现这里完全没有100多辆车、几百人宿夜的一丁点儿痕迹，地上没有一点废弃的物品，连一张碎纸片，一根吃剩的骨头都没有。用于清洗的水池里没有一点残羹废渣，那一刻我被感动了。我知道什么叫教养了。那是一种长久融于一身的生活品位和习惯，一种源自内心的需求和表达。"

教养是文明规范，是文明社会的道德基石，得体的教养，有助于人们获得社会认可和幸福的生活，有助于人们建立积极和谐的社会关系，也有利于表现良好的公共形象。教养的基础，是理解和尊重他人，并且不妨碍他人。教养是良好的社会规范的表现，不是随心所欲，更不是唯我独尊。教养在善待他人的同时也善待了自己。真正的教养源自一颗热爱自己和热爱他人的心灵，不是做给别人看的，而是发自内心的。

记住他人名字，赢得他人好感

在人际交往的过程中，记住对方的名字很重要。这是一种礼貌。只要能够记牢对方的姓名，可以快速拉近彼此的距离，使对方对你产生良好印象。

俗话说：人过留名，雁过留声。姓名是人的标志，人们出于自尊，总是最珍爱它，同时也希望别人能尊重它。美国前总统罗斯福说过："交际中，最明显、最简单、最重要、最能得到好感的方法，就是记住人家的名字。"踏入社会和人交往的第一秘诀就是记住他人的名字，因为记住每个人的名字，是尊重一个人的开始，也是与人有效沟通的第一步。

某学校招聘教师，要通过试讲从几名应聘者中选出一名。几名应试者都作了精心的准备。

铃声响了，一个个试讲者分别微笑着走上讲台。师生互相致意后，开始上课。为了避免满堂灌，有一个试讲者也效法前面几位试讲者的做法，设计了几次并不高明的课堂提问，但效果一般。下课时，比较自己与前面几名试讲者的效果，估计自己会输。

谁知，第二天他接到被录用的通知，惊喜之余，他问校长为什么选中了他。"说实话，论那节课的精彩程度，你还稍逊一筹，不过你在课堂提问时，你叫的是学生的名字，而其他人叫他们的学号或手指，试想，我们怎么能录用一个不愿意去了解和尊重学生的教师呢？"

记住对方的名字是极为重要的。这既表现出了你对对方的重视，同时，也让对方感到你的亲切，如此一来，对你的好感也就油然而生。抓住了对方的这一心理特征，你也就轻松地赢得了交际的第一回合了。

古人云：不知礼，无以立也；不知言，无以知人也。记住别人的名字，不仅传递了你对别人的尊重，满足了人类基本的心理需求，拉近了人与人之间的距离，产生其他礼节所达不到的效果，也体现了一个人的知识、涵养和魅力所在。

美国前总统罗斯福先生虽然很忙，但他总能记住别人的名字，甚至对所接触的机械师的名字也用功夫去记忆。

有一次，克莱斯勒汽车公司为罗斯福先生制造了一辆特别汽车。张伯伦及一位机械师将此车送交至白宫。张伯伦的一封叙述他的经验信中写道："我教罗斯福总统如何驾驶一辆装置许多特别机关的汽车，但他教我许多关于处理人的艺术。"

"当我到白宫访问的时候，"张伯伦先生写道，"总统非常愉快，他呼我的名字，使我感到非常安适，特别使我产生印象的是他对我要说明及告诉他的事项的切实注意。这车设计完美，能完全用手驾驶，罗斯福对围着看车的那群人说：'我想这车极奇妙，你只要按一下键，即可开动，你可

不费力地驾驶它。我以为这车极好——我不懂它是如何运转的。我真愿有时间将它拆开，看看它是如何发动的。'

"当罗斯福的许多朋友及同仁对这辆车表示美慕时，他当着他们的面说：'张伯伦先生，我真感谢你，感谢你设计这车所费的时间及精力，这是一件杰出的工程。'他赞赏辐射器、特别反光镜、钟、特别照射灯、椅垫之式样、驾驶座位的位置和衣箱内有不同标记的特别衣框。换言之，他注意每件细微的事，他知道关于这些我是费了许多心思的。他特别注意将这些设备使罗斯福夫人，劳工部长及他的秘书波金女士注意。他甚至还对老黑人侍者说：'乔治，你特别要好好地照顾这些衣箱。'

"当驾驶课程完毕之后，总统转向我说：'好了，张伯伦先生，我已经使中央准备董事部等候了三十分钟了。我想我应回去工作了。'

"我带了一位机械师到白宫去，被介绍给罗斯福。他没有同总统谈话，而罗斯福只听到他的名字一次。他是一个怕羞的人，避在后面。但在离开我们以前，总统找寻这位机械师，与他握手，呼他名字，并谢谢他到华盛顿来。他的致谢绝非草率，而是真诚，我能感觉到。

"回到纽约数天之后，我接到罗斯福总统亲笔签名的照片，并有简短的感谢信，再对我给他的帮忙表示感激。他如何有功夫这样做真令我莫名其妙。"

罗斯福知道一种最简单，最明显，最重要的得到好感的方法，就是记忆姓名，使人感觉重要——但我们中间有多少人这样做呢?

善于记住别人的姓名是一种礼貌,也是一种感情投资,在人际交往中会起到意想不到的效果。美国一位学者曾经说过:"一种既简单但又最重要的获得好感的方法,就是牢记住别人的姓名,并且在下一次见面时喊出他的姓名。"名字作为每个人特有的标识,是非常重要的。所以,尝试记住他人的名字,不仅是对他人的尊重和表示你对他人的重视,同时也让对方对你产生更好的印象。

世界上天生就能记住别人的名字的人并不多见,大多数人能做到这一点全靠有意培养形成的好习惯。而你一旦养成了这个好习惯,它就能使你在人际关系和社会活动中占有很多优势。

穿着得体,服饰搭配要合理

俗话说,人靠衣服马靠鞍。人的衣着得体、修饰恰到好处,自然就会给个人形象增添几分色彩。衣着体现着一个人的文化修养和审美情趣,是一个人的身份、气质、内在素质的表现。

英国女王曾在给威尔士王子的信中写道:"穿着显示人的外表,人们在判定人的心态以及对这个人的观感时,通常都凭他的外表,而且常常这样判定。因为外表是看得见的,而其他则看不见,基于这一点,穿着特别重要……"人类都有以貌取人的天性,外在形象直接影响着别人对你的印象。穿着得体整洁的人给人的印象会好，它等于在告诉大家："这是一个聪明、自重、可靠的人，大家可以尊敬、信赖他。"反之，一个穿着邋遢的人给人的印象就差，它等于在告诉大家："这是个没什么作为的人，他粗心、没有效率、他习惯不被重视。"

英国一位华裔投资商在1999年网络飞腾的时代来到北京的中关村，和一位电脑才子会谈投资。他说："我怎么也不能相信这穿着旅游鞋、牛仔裤，头发如同干草、说话结结巴巴的小子会向我要500万美元的投资，他的形象和个人素养都不能让我信服他是一个懂得如何处理商务的领导人。"

只有为自己塑造一种利索能干的形象，才能够使别人对你产生一种信任的感觉，才能够使别人敬畏你，你办起事来才能够如鱼得水，自然就会将事情办好。所以，一定要重视自己的外貌和服饰，良好的外形表现出你对生活的态度，得体的衣饰，反映着一个人良好的精神状态。

人们常说："三分人材，七分打扮。"这话从某种程度上说，反映了装饰与外在的美有着一定的联系。"梳妆打扮"固然不是人们获得魅力的主要源泉，但是得体的装饰，却能使一个人平添几分风采。一个外表修饰得干净利落而胸无点墨、腹中空空的绣花枕头，固然令人生厌；但一个博学多才、精明强干的人，也可能因不修边幅或穿着邋遢而能力减半。因此，外表的装饰打扮不完全是年轻女性的专利，它对于任何一个人来说，也是不容疏忽的。

克林顿的夫人希拉里，在克林顿当选之前，曾是女权运动者。她的服装无意识中就展示了女权运动者的形象：戴着学究式的黑色宽边眼镜，穿着具有女权主义形象的大格子西服。这种形象违背了美国人心目中高贵、优雅、母性的第一夫人的形象，曾一度影响了克林顿的选票。为扭转局面，新的形象设计班子顺应美国人民的心理，用充满女性韵味的色彩时装代替了男性化的、乏味的女权主义服饰，为她设计了时尚的发式；用隐形眼镜换掉了迂腐的、学究式的黑边眼镜；用温和改良主义的言辞代替了激进、偏激的语言。希拉里的新形象接近了美国选民对于第一夫人的期望，她展示出的既有女性魅力又有女性的独立、强大和智慧的第一夫人的形象，为克林顿的政治形象增添了不可磨灭的光彩。还有很多选民由于对希拉里的喜爱而把选票投给了克林顿。

怎样穿衣是一个人品位的表现。讲究服饰礼节，在不同的场合着以不同的服饰，会给人留下良好的印象。服装能够反映出人的内在追求、风貌、风度、气质。

从礼仪的角度看，着装不能简单地等同于穿衣。它是着装人基于自身的阅历修养、审美情趣、身材特点，根据不同的时间、场合、目的，力所能及地对所穿的服装进行精心的选择、搭配和组合。在各种场合，注重个人着装的人能体现仪表美，增加交际魅力，给人留下良好的印象，使人愿意与其深入交往，同时，注意着装也是每个事业成功者的基本素养。

一般来说，要掌握以下三点：

第一，着装应己。所谓应己，是要求在为自己选择服装时，要认真地、实事求是地明确自身的条件是否与之相适应。选择服装首先应该与自己的年龄、身份、体形、肤色、性格和谐统一。年长者，身份地位高者，选择服装款式不宜太新潮，款式简单而面料质地则应讲究些才与身份年龄相吻合。青少年着装则着重体现青春气息，朴素、整洁为宜，清新、活泼最好，"青春自有三分俏"，若以过分的服饰破坏了青春朝气实在得不偿失。形体条件对服装款式的选择也有很大影响。身材矮胖、颈粗圆脸形者，宜穿深色低"V"字型领，大"U"型领套装，浅色高领服装则不适合。而身材瘦长、颈细长、长脸形者宜穿浅色、高领或圆形领服装。方脸形者则宜穿小圆领或双翻领服装。身材匀称，形体条件好，肤色也好的人，着装范围则较广，可谓"浓妆淡抹总相宜"。

第二，着装应景。所谓应景，就是要尽量使自己的着装与自己所面临的环境保持和谐与一致，而绝不可以我行我素，使自己的着装同自己所处的环境格格不入，或反差过大。着装技巧是懂得在什么场合穿什么服装。正式社交场合，着装宜庄重大方，不宜过于浮华。参加晚会或喜庆场合，服饰则可明亮、艳丽些。在朋友聚会、郊游等场合，着装应轻便舒适。

第三，着装应时。所谓应时，不是指追求时髦，走在时装发展潮流的前沿，而是要求着装必须与穿着的具体时间相吻合。在上班时间，不宜穿时装或休闲装，着装应遵循端庄、整洁、稳重、美观、和谐的原则，能给人以愉悦感和庄重感。节假日休闲时间着装应随意、轻便些，西装革履则显得拘谨而不适宜。但不能穿睡衣拖鞋到大街上去购物或散步，那是不雅和失礼的。另外，服装的选择还要适合季节气候特点，保持与潮流大势同步。

总之，着装的最基本的原则是体现"和谐美"，如果你的着装做到了以上三点，就会在人际交往中展现出大方得体的形象，受到人们的欢迎。

你一定要知道的送礼的基本礼仪

中国自古就是礼仪之邦，传统上很注重礼尚往来。"仁、仪、礼、智、信"，其中"礼"是中国儒家思想最经典、最辉煌的一页。它的影响深远，至今还备受推崇。

礼文化在中国根基深厚，"来而不往，非礼也。"小小的一个"礼"字，在生活中常常起着润物细无声的作用。我们生活在一个讲"礼"的环境里，如果你不讲"礼"，简直就是寸步难行，被人唾弃。"以礼服人"、"礼多人不怪"，这是古老的中国格言，它在今天仍十分实用。

当今社会，每一个人都不是孤立存在的，几乎每天都要存在这样或那样的人际交往，包括与家人、亲戚、同事、朋友，上司、下属等。而送礼这一独特的社会形态，在某些情况下，礼品成为维系人际关系，或达到个人目的的必要手段。在这方面道理不难懂，难就难在操作上，你送礼的功夫是否到家，能否做到既不显山露水，又能够打动人心。这是送礼的关键。

清代巨商胡雪岩很善于经商，也善于经营自己的关系网，他送礼的高妙之处在于他善于抓住不同人的特点，送别人急需之物。

在胡雪岩的那个时代，要求人办事，肯定离不开银子。胡雪岩深谙此道，自然也从不吝惜银子，甚至到了有"求"必应的地步。比如，时任浙江落司的麟桂调署江宁藩司，临走时在浙江亏空的2万多两银子需要填补，又一时筹不到这笔款项，便找到胡雪岩请他帮助代垫。胡雪岩二话没说便爽快地应承下来，以至于麟桂派去和胡雪岩相商的亲信也"激动"不已，称胡雪岩实在是"有肝胆"、"够朋友"，要他一定不要客气，趁麟桂此时还没有卸任，有什么要求尽管提出来，反正惠而不费，他一定肯帮忙。胡雪岩做得却也实在"漂亮"，他没有提出任何索取回报的具体要求，只是希望麟桂到任之后，有江宁方面与浙江方面的公款往来，能够指定由他的阜康票号代理。这一点点要求，对于掌管一方财政的藩司来说，自然是不费吹灰之力。事实证明，胡雪岩的投资是有眼光的，最终得到了意想不到的收益。

后来，胡雪岩为了取得左宗棠的信任，也做了两件事：

第一，献米献钱。胡雪岩回杭州，带回杭州有1万石大米和10万两银子。本来这1万石大米有一个名目，那就是当初杭州被围时，胡雪岩与王有龄商量，由胡雪岩冒死出城到上海采购大米以救杭州粮绝之急，胡雪岩购得大米1万石运往杭州但无法进城。只得将米转道运至宁波，后来杭州收复。胡雪岩将这1万石大米又运至杭州，且将当初购米款2万两银子面交左宗棠，等于是他既回复了公事，以此证明自己并非携款逃命，而又另外无偿献给左宗棠1万石大米。那10

万两银子则是胡雪岩为了敦促攻下杭州的官军自我约束，不要扰民而自愿捐赠的犒军饷银。清军打仗，为鼓励士气，有一个不成文的规矩，攻城部队只要攻下一座城池，3日之内可以不遵守禁止抢劫奸淫的军规。胡雪岩献出10万两银子，是要换个秋毫无犯。

第二，主动承担筹饷重担。左宗棠几万兵马东征镇压太平军，每月需要的饷银达25万之巨，当时清政府财政紧张，用兵打仗采取的是"协饷"的办法，也就是由各省征出钱来做军队粮饷之用，实际上是各支部队自己想办法筹饷。胡雪岩听到左宗棠谈起筹饷的事，毫不犹豫地表示自己愿意为此尽一份心力，而且当即就为筹集军饷想出了几条行之有效的办法。

当时，左宗棠急于求事功，胡雪岩正好给他送去了能使其成就事功所必需的东西，一送之下，也就送出了意想不到的效果。后来，正是因为有了左宗棠这座大靠山，胡雪岩不仅生意飞黄腾达。而且得到了朝廷特赐的红帽子，成为冠绝天下的"红顶商人"。胡雪岩说："送礼总要送人家求之不得的东西。"可见他是深谙此道的。

著名的西班牙礼仪专家伊丽莎白就说过："礼品是人际交往的通行证。"不管我们承认与否，礼品对双方都有意义，它在我们的生活中扮演着重要角色。我们对礼品的渴求也就是对赞同、慈爱、理解和爱情等的渴求。我们赠送与接受礼品的行为牵涉到生活的许多方面。通过礼品我们可以激励他人、教育他人，可以取得控制、获得补偿，可以显示知识和修养、表达友善和爱心，也可以扩大个人的影响。送礼不是为了满足对方的欲望或对自我的夸张，礼品本身没有意义，而是为了表示您的情感和某种特定关系的存在。

送礼作为礼的一种形式，是人际交往中不可或缺的内容，承载着感情，寄托祝福。然而，并不是每个人都能真正地领会礼物的意义，自如地运用礼物表情达意，将礼物的作用充分发挥。

无论多么合适的礼品，只有在以适当方式赠送出去，并为受赠对象笑纳之后，才能发挥其应有功效。因此，礼品的赠送一般应注意以下几点。

1.赠送的时机

送礼讲究时效，倘若过失送礼，就为失礼。送礼时机的选择，对礼物价值无形中有增加或减少的作用，所以我们应巧用心思使礼物送出收到事半功倍的效果。送礼时，一定要选择受礼人在家的时前往。因为，把礼物交给邻居转送，是不恰当的，而大多数受礼人是不希望别人知道自己接受礼品的。送礼最好私下进行，人多眼杂时应当回避。

送礼的时间间隔也很讲究，过频过繁或间隔过长都不合适。送礼者可能求助心切，便三天两头大包小包地送上门去，有人以为这样大方，一定可以博得别人的好感，细想起来，其实也不一定。因为你三天两头送礼，目的性太强，明显是另有所图。另外，礼尚往来，人家还必须还礼给你，你不烦，别人却烦。一般来说正常交往，以选择重要即日、喜庆、寿诞送礼为宜，耸立的既不显得突兀虚套，受礼的收着也心安理得，两全其美。

赠送礼品必须选择恰当的时机。如果时机不当，即使礼品再好，也不会取得应有效果，而且还可能适得其反。只有选准赠送时机，方能令双方皆大欢喜。

2.赠送的地点

在赠送礼品时，地点的选择至关重要。其基本要求是将公务交往与私人交往中赠送的礼品区别对待。在公务交往中，一般应选择工作场所或交往地点赠送礼品；而在私人交往中，则宜于私下赠送，受赠对象的家中通常是最佳地点。

如果送礼的地点选择不当，往往会引起不必要的麻烦。例如，专程前往交往对象所在单位，当着众人之面将私人礼品赠送出去，就有贿赂之嫌。而若把因公相赠的礼品拿到受赠对象家中，则会使人觉得公私难分、进退两难。

3.赠送的方法

赠送礼品的具体做法有许多技巧和讲究，大致涉及礼品的包装、解释和赠送姿势等三个方面。

第一是礼品的包装。正式的礼品事先都应精心包装。良好的包装有利于受赠对象对礼品的喜爱与接受。从某种程度上讲，礼品的包装好比是礼品的外套，没有包装就将礼品送人，像是没穿外套就去拜访他人，有不尊重、不重视交往对象之嫌。在赠送礼品给外国友人时，尤其应当注意这点。

第二是礼品的解释。赠送礼品时，送礼者应对送礼原因、礼品寓意作一番明确解释。邮寄赠送或托人赠送时，应附上一份礼笺，用规范、礼貌的语句解释送礼缘由。在当面赠送礼品时，则应亲自道明送礼原因和礼品寓意，并附带说一些尊重、礼貌的吉言敬语。

国人送礼时，往往对自己所赠之物加以贬低，以示谦虚。如告诉对方"这是随便挑的"，"这东西挺便宜的"，"搁在家里没用，您就收下吧"，等等。这些话实际上大可不必，万一被对方当真，则会令其有不被重视之感。不谙中国国情的国际友人，更有可能会对此大为不满。

第三是送礼的姿势。在面交礼品时，送礼者应起身站立，面带微笑，目视对方，双手递交。在对礼品作一解释后，与对方热情握手。

总之，送礼看似是一个简单的事情，但其实其中包含着很深的学问。如果你懂得如何赠送礼物，并能送出心想事成的效果，你就会成为一个送礼的高手！

不失礼仪，接打电话要规范

电话是展现你个人形象的重要窗口，所以接打电话时，一定要表现出良好的礼仪风貌。

随着科学技术的发展和人们生活水平的提高，电话的普及率越来越高，人离不开电话，每天要接、打大量的电话。看起来打电话很容易，对着话筒同对方交谈，觉得和当面交谈一样简单，其实不然，打电话大有讲究，可以说是一门学问、一门艺术。

很多时候，人们在面对面的沟通中会十分注意自己的仪态与礼貌，但用电话交流的时候，却忽视了应有的礼貌和正常的社交技巧。其实在电话交流的过程中，同样可以反映一个人的精神面貌与内心情感。如果你心情愉快、笑容可掬地讲话，你的声音自然轻快悦耳；如果你心情沉重、阴沉着脸说话，你的声音自然沉闷凝重。脸部表情会在不同程度上影响你声音的变化。所以，如果微笑着打电话，对方就会"听"到亲切、友善的形象，会感到受尊重、受欢迎，有利于双方的沟通，对方也因此会和你保持长期的、友好的来往，并增进彼此的感情。

阿梅是某洗衣机公司在北京的代理商。中午轮到她值班，她手里捧着一本小说正看的入迷，电话铃响了五六声，她终于不紧不慢地接了电话。

"喂！"她拿起电话，没有报自己公司姓名，懒洋洋地回答对方。

"您好，请问这里是洗衣机代理吗？"对方问。

"是。"阿梅回答。

"你好，我想买一个××牌的洗衣机，请您介绍一些型号。"对方又问。

"我们的洗衣机分好几种，你想要哪种？"阿梅冷漠地反问。"小姐，我不明白，洗衣机就是洗衣机，还要分什么种类？不就是按大小来分种类吗？"对方困惑地问。

"当然要分，有的能甩干，有的不能甩干。阿梅随手摸了一块饼干填进嘴里……

"等我想一想再决定吧。"对方挂了电话。

接打电话看似不起眼，但却是你与对方的一个交流窗口。俗话说得好：细节决定成败。虽说打接电话时对方看不到你的人，但你的心情与态度对方都是可以感觉出来的，所以千万不可大意!

下面是接打电话的一点礼仪经验请大家务必注意：

1.打电话的礼仪

（1）首先通报自己的姓名、身份。

必要时，在打电话时，应询问对方是否方便，在对方方便的情况下再开始交谈。电话用语应文明、礼貌，电话内容要简明、扼要。

（2）择时通话。

打电话选择通话时间非常重要，公事公办，非公务交往别打电话。打电话要讲内外有别，和父母打电话，父母都爱你，随时打没事。但是给外人打电话就要注意，不能影响对方个人空间。一般来讲周末、假日，晚上八点以后，早上七点之前，不要因为公事把电话打到家里去，骚扰对方。同样道理，在给海外人士通话要避免时差的问题，如果白天十点钟给美国打电话，没准对方刚睡，不合适。

在工作中你要有经验的话，还得明白，有些时间打电话，通话效果受影响。如果你要求职，到一个单位去了解情况，要明白什么时间打电话最合适，礼拜一刚上班那个时间最好别打，周末综合症，还没缓过劲呢。同样的道理，礼拜五还差半个小时下班了，也别打，心不在了。最好避开临近下班的时间，因为这时打电话，对方往往急于下班，很可能得不到满意的答复。

公务电话应尽量打到对方单位，若确有必要往对方家里打时，应注意避开吃饭或睡觉时间。要选一个接听电话那一方心平气和，聚精会神，专心致志的时间打电话效果才容易实现。

（3）打电话还要注意通话三分钟原则。

通话时间要简短，长话短说，废话不说，没话别说。有些人这点不大注意，拿起话筒之后口才颇佳。"喂，你猜我是谁？听不出来了？不够朋友。"类似这样不要一个劲让人猜下去，这样会使对方很烦。而且既浪费时间又浪费钱。这个一定要注意。打电话，一般来讲要求通话三分钟原则，就是要长话短说、废话不说、主次分明。拨错电话要道歉。现在很多人都有手机，一般都会遇到这样的事，有人电话给拨错了，花了你的钱，还不道歉，心里一定不会很舒服。所以，我们拨错了别人的电话，一定要道歉。

（4）通话完毕时应道"再见"，然后轻轻放下电话。

2.接电话的礼仪

（1）接听电话要及时

电话铃响后应遵循"铃响不过三声"的原则，不能耽搁。这是表示对人的重视。所以接听电话要及时，最好不要让铃响超过三声。如果电话连响了六声才来得及接的话，第一句话要说，抱歉，让您久等了。当然也别做过了，不要铃响一声就接，铃响一声你就接，对方还没做好准备，有可能把人家吓一跳。

（2）通话语言要规范

拿起电话之后第一句话就是要问候对方，你好，第二句话自报家门，比如你好，我是某某。但是往往有些人不注意自报家门，拿起话筒第一句话，喂喂，噗噗，再问，有人吗？这可能会使对方产生联想难道我不是人吗？不合适，所以说通话语言要规范。

（3）遇到电话掉线

在接电话时，万一遇到掉线的情况，要及时拨回去，另外，当电话再次接通之后要说明歉意，别让人家觉得你有意不听他电话。

（4）结束语言

在电话交谈完毕时，应尽量让对方结束对话，若确需自己来结束，应解释、致歉。通话完毕后，应等对方放下话筒后，再轻轻地放下电话，以示尊重。

以上是有关电话的种种礼节，若你能学习它，然后加以运用，必能成为受人欢迎的人。

主动道歉，一句"对不起"很重要

"人非圣贤，孰能无过。"每个人都不可避免地会做错一些事情。做错了事情并不可怕，只要能够改正错误，及时向他人道歉，还是会得到别人的谅解的。而固执己见，从不认错道歉的人，很难在社会交往中受到尊重，更不会有真心的朋友，甚至有时还会受到道德舆论上的谴责和人格、形象上的损害。

在现实生活中，有一些人犯了错误不愿意主动去道歉，这就为人们之间的相互交往造成了障碍。每个人都坚持自己的观点是正确的，而各自的观点却存在明显的不同，甚至是相互对立的，于是埋怨、不满和争执开始在彼此间蔓延，轻则影响相互之间的关系，重则影响自己的做人形象，此外，掩饰错误的行为还会让你背上沉重的心理包袱。

闹哄哄的早市上，一个妇女正在路边的肉摊前买肉，突然有一辆电动车失去控制，冲到妇女身边，将她撞倒在地上。这时电动车停了下来，车上的青年笑着跟旁边一个认识的摊主说道："这车，不听使唤了，呵呵。"说完，青年推起电动车就要离开。妇女摇摇晃晃地站起来，一看这个情景顿时觉得很生气，一把抓住了电动车的把手，对青年喊道："你这人怎么这么没礼貌，撞了人就想走？"青年看着妇女，说道："那你想怎么样呢？我看你也没事啊！"妇女更加生气了："什么叫我想怎么样？你撞了人，都没有看一眼、问一声，就要急着走，这种行为说得过去吗？"两人越吵越凶，青年说什么也不肯道歉，妇女则一直拦着电动车不让其离开。最后，两个人厮打起来。

本来是一件小事，却因为不懂道歉而发展成斗殴事件，这是人们所不愿看到的。所以，当做错事情的时候，一定要学会道歉。如果我们每个人都能做到犯错后及时承认并道歉，不必要的矛盾、纠纷就会大大减少，整个社会的人际关系也会和谐很多。

学会道歉是一种礼貌，也是一个重要的社会技能。生活中，做错了事就要道歉，这是理所应当的事情，任何人都不例外。美国公关专家苏珊亚各贝曾说："学会道歉是一个重要的社会技能，真诚的道歉将会使人们感受到人与人之间最美好的情感。"

美国总统华盛顿有一次就是以真诚的道歉赢得了别人的尊重。1754年，华盛顿还是一位上校，率领部下驻守在亚历山大里亚。有一次选举弗吉尼亚议会议员时，一名叫威廉·佩思的人反对华盛顿所支持的候选人。

据说，华盛顿与佩思在关于选举问题的某一点上发生了激烈的争论，他说了一些冒犯佩思的话。佩思把华盛顿一拳打倒在地，华盛顿的部下马上赶了过来，准备替他们的长官报仇。华盛顿当场阻止，并劝他们返回营地。

第二天一早，华盛顿递给佩思一张便条，要求他尽快到当地的一家小酒店去。佩思如约到来，他是准备来进行一场决斗的，令他感到惊奇的是，他看到的不是手枪而是酒杯。

华盛顿说："佩思先生，犯错误乃人之常情，纠正错误是件光荣的事情。我相信昨天我是不对的，你已经在某种程度上得到了满足。如果你认为到此可以解决的话，那么请握我的手——让我们交个朋友吧。"

从此以后，佩思便成了一个热烈拥护华盛顿的人。

知错就改，敢于道歉，才会赢得别人的尊重。本杰明·狄斯拉里说："世上最难做的一件事，便是承认自己错了。要解决这种情况，除了坦白承认错误，没有更好的办法。"倘若你发现自己错了，不及时向别人道歉，甚至千方百计找借口为自己辩解，会让事情变得更糟。这时，你不仅得不到别人的谅解，相反，还会受到道德上的谴责和人格、形象上的损害，甚至激化你和别人之间的矛盾，让你成为众矢之的。因此，任何人都不能小看了道歉的作用。

1. 陈述自己失误原因。当错误已经酿成的时候，当事人首先要坦率承认错误，真诚道歉，使对方的怒气渐渐平息下来。然后再从主客观方面出发，向对方分析自己失误的原因，述说自己的难处，在一般情况下，对方都会理解你的苦衷，谅解你的过失。

2．道歉要抓住时机。道歉要善于把握适当的时机，应选在领导心平气和、有喜事临门等心情较好的时候。这时，他更容易接受我们的道歉。当然，时间宜早不宜迟。最好不要拖延时间，要马上道歉，越早越好。如果错过时机再道歉，不仅难以启齿，而且会让听者认为你没有诚意，失去应有的效果。

3．道歉要有诚意。只有态度诚恳，人们才会接受你的道歉。如果你只是迫不得已，敷衍了事，那么道歉就不会起到好的效果。所以向对方表示歉意时要有诚意，当你道歉之后，对方的怒气或怨气肯定还没有完全消除，这时，你要耐心倾听对方的诉说，让对方重复发泄内心的不满。从不满到谅解总需要一个过程，切不可操之过急。如果你耐不住性子地说一句："我都道歉了，他还没完没了，那就是活该！"这样不仅会前功尽弃，还会重新激化矛盾。

4.尽量纠正错误。对他人采取补救措施弥补给他们所造成的损伤，能够使他人觉得更加真诚。也许有些时候，我们并不能补救，但是将这种意愿传达给对方的时候，他们往往会看到我们的真诚。

总之，面对错误，要勇于道歉，真诚地道歉。这样他人才会更愿意原谅我们的过失。

第七章 为人处世有分寸

——最高的情商叫自有分寸

给对方留足面子，别一棒子打死

人们常说："人有脸，树有皮。"这句话说出了人性的一大特点：爱面子。

"面子"到底是什么东西呢？说明了，就是尊严。

在中国，"面子"是一件很重要的事，为了"面子"，小则翻脸，大则会闹出人命；如果你对"面子"问题比较冷淡，那么你必定是个不受欢迎的人；如果你只顾自己的面子，不顾他人的面子，那你必定有一天会吃暗亏。因此，我们在交往时，为自己争得面子的同时，也别忘了给别人也留些尊严。

有一天，几个同事一起吃饭，席间谈笑风生，气氛很好。老王和小陈的女友小孙聊的甚是投机，但一件小事却使得这次聚会变得很不和谐。小孙是大学函授专科，但却碍于面子，撒了个小谎说自己是正式本科毕业，没想到老王对她所说的母校甚是熟悉，于是打破砂锅问到底，结果使小孙露了馅。弄得场面好不尴尬，从此，老王和小陈的关系也渐渐地淡了下来。

由此可见，一个人说话办事，如果不懂得给别人留些情面，不识相，就会造成彼此的尴尬与不愉快。席间，小孙说的时候神色已有几分不自然，老王也不是糊涂人，应该顺水推舟，可是他却不知趣，非要和人家小姑娘较劲，使人家出了丑，自己也不好过。仔细想一想，伤害别人的面子，牺牲你的人缘，换来一个小小的胜利，是否真的值得。做人应该明白一点：保住别人的面子便是给自己加分。

在生活中，这样的事情时有发生，不懂得给人留情面，常常会使自己处于被动，进退维谷。无论做什么事情都要时刻注意给对方人情，留后路。因为只有给情面，才能为自己争得更多的东西。不给别人留台阶的人，到头来很可能是自断后路。若是在办事时不给人情让别人失掉了面子，就会留下不良的后果。因此，我们在做事时，一定要给别人一些人情，也是在为自己留一条后路。

一位顾客来到一家百货公司，要求退回一件外衣。她已经把衣服带回家并且穿过了，只是她丈夫不喜欢。她辩解说"绝没穿过"，要求退掉。

售货员检查了外衣，发现明显有干洗过的痕迹。但是，直截了当地向顾客说明这一点，顾客是绝不会轻易承认的，因为她已经说过"绝没穿过"，而且精心伪装了没有穿过的痕迹。这样，双方可能会发生争执。

于是，机敏的售货员说："我很想知道是否你们家的某位成员把这件衣服错送到了干洗店去。我记得不久前我也发生过一件同样的事情，我把一件刚买的衣服和其他衣服一起堆放在沙发上，结果我丈夫没注意，把这件新衣服和一大堆脏衣服一股脑儿塞进了洗衣机。我怀疑你是否也遇到这种事情——因为这件衣服的确看得出已经被洗过的明显痕迹。不信的话，你可以跟其他衣服比一比。"顾客看了看证据知道无可辩驳，而售货员又为她的错误准备好了借口，给了她一个台阶——说可能是她的某位家庭成员在没注意的情况下，把衣服送到了干洗店。于是顾客顺水推舟，乖乖地收起衣服走了。售货员的话说到顾客心里去了，使她不好意思再坚持。一场可能的争吵就这样避免了。

人与人交往难免会出现矛盾、误会和摩擦，当对方发生一些让他下不了台的事，如果你愿意在那时给对方一个台阶下的话，那便可大事化小，小事化了。

其实，很多时候，给别人留个余地和面子，或许就是给了别人一个别样的人生。给别人一个余地，也就是为自己解决了一个难题。遇到棘手的问题时，不妨换个角度换个思维，想想怎样找到一个合适的台阶。

给对方留面子，也是在为自己争面子。因为这样做不但使问题得以解决，还能使自己的声誉得到提高。

一位女销售员正接待一位年近花甲的老人。老人选好了两把牙刷，由于销售员忙着去接待另一顾客，老人道声谢后就抬脚走了。这时女销售员才想到钱还没收。

女销售员一看，老人离柜台不远，便略提高声音，十分亲切地说："太太——你看——"老人以为什么东西忘在柜台上了，便走了回来。女销售员举着手里的包装纸，说："太太，真对不起，你看，我忘记给你的牙刷包上了，让你这么拿着，容易落上灰尘，多不卫生呀，这是入口的东西。"

说着，接过老人的牙刷，熟练地包装起来，边包边说："太太，这牙刷，每支5美分，两支共10美分。"

"哎，你看看，我忘记给钱了，真对不起！"

"太太，我妈也有您这么大年纪了，她也什么都好忘！"

　　这个女销售员用了一个小小的"迂回术"，很自然地把老人请了回来，又很自然地把谈话引到牙刷的价格上，这样一点拨，老人也就马上意识到了。

　　整个谈话中，这位销售员没有一个发难的词，没有一句说及钱未付，启发得十分自然，引导得十分巧妙。

　　事实上，无论你采取什么样的方式指出别人的错误，即使是一个藐视的眼神，一种不满的腔调，一个不耐烦的手势，都可能让别人觉得没面子，从而带来难堪的后果。不要想着对方会同意你所指出的错误，因为你否定了他的智慧和判断力，打击了他的荣耀和自尊心，同时还伤害了你们的感情，他非但不会改变自己的看法还会进行反击。所以，在给别人指出错误的时候要委婉，讲究方式，给别人留个面子，这样会更容易让别人接纳。

　　给他人留面子是一种社交技巧，是人们在多年交往总结出的一种经验，所以你要懂得给人面子，你给人面子那么就是给人一份厚礼。如果有朝一日你求他办事，那么他自然要"给回面子"，即使他感到为难或感到不是很愿意的话。这便是通晓人情世故的全部精义所在。只有把别人的面子顾及到了，我们才能在这个社会中如鱼得水地生存。

得饶人处且饶人，凡事留有余地

　　"得理不让人，无理辩三分。"这是有些人常犯的毛病。如果在生活中得理不饶人，把一件不足挂齿的小事复杂化，把对方搞得下不了台，势必造成人际关系的恶化，更会给人留下固执己见、小肚鸡肠的不良印象。所以，对一些鸡毛蒜皮的小事或一些非原则性的问题，得理也不妨饶人，如此不仅可以化解矛盾，更可融洽人际关系。

有句俗话说得好：得饶人处且饶人。在有理的时候不能咄咄逼人，抓着别人的"小辫子"不放，进攻时应为对方留一点余地，掌握说话的分寸。与人争辩，以严密的辩论将对方驳倒固然高兴，但也没必要将对方批驳得体无完肤。就像下棋一样，赢一个子是赢，赢一百个子也是赢，只要能赢就好了，何必让人家满盘皆输，颜面扫地？因为大多数人都爱面子，给对方留有余地，实质上是为了缓和彼此间的冲突留下回旋的空间，也为自己留一步台阶。否则，你把他逼进了死胡同，他别无选择，只能与你死战到底。结果，双方剑拔弩张，到头来两败俱伤。这并不是我们与人交谈的目的。

有这样一个发生在餐厅里的故事：

"服务员！你过来！你过来！"一位顾客高声喊，指着面前的杯子，满脸寒霜地说："看看！你们的牛奶是坏的，把我一杯红茶都糟蹋了！"

"真对不起！"服务员一边陪着不是，一边微笑着说，"我立即给你换一下。"

新红茶很快就准备好了，碟子和杯子跟前一杯一样，放着新鲜的柠檬和牛奶。服务员轻轻放在顾客面前，又轻声地说："我是不是能建议您，如果放柠檬就不要放牛奶，因为有时候柠檬酸会造成牛奶结块。"

那位顾客的脸一下子红了，匆匆喝完茶，走出去。

有人笑问服务员："明明是他土，你为什么不直说他呢？他那么粗鲁地叫你，你为什么不还以颜色？"

"正是因为他粗鲁，所以要用婉转的方式对待；正因为道理一说就明白，所以用不着大声。"服务员说。

那个问话人同意地点了点头。

俗话说："饶人不是痴汉。"当双方的争论已到剑拔弩张的时候，占理得势的一方应当有"得饶人处且饶人"的风范。如果你不懂得给对方留些余地，对方表面上可能表现得很宽容，匆匆地随便找个台阶下，但内心的煎熬却不像表面的那样，这种屈辱有机会他一定会讨回来。你让人一步，别人心存感激，也会让你一步，一条小路对你来说也是坦坦通道。你事事不肯让人，一味**得理不饶人**，这样不但于事无补，也伤了感情。

在纷繁复杂的社会活动中，谁能保证自己不会和别人发生一些争论？谁又能保证自己事事处处都占理？只要没有根本的利害冲突，**即便**自己占理，也应让人三分，见好就收是关键。这不仅可以化解矛盾，还能够让彼此加深理解、增进友谊，对于建立融洽和谐的人际关系起到促进作用。所以说，"得理让人"不失为一种成功的处世方式。

有一段时间，胡雪岩与庞二合伙做丝业收购，两人齐心协力，逼压洋人，抬高国人丝价，为了这件事，胡雪岩费了大量心血，做得实在不容易。谁知到了后来临近交货时出了一个乱子，被朱福年暗地里捣了鬼。

朱福年是庞二的档手。人送外号"猪八戒"，他自己野心勃勃，想借庞二的实力，在上海丝场上做江浙丝帮的首脑人物，因而对胡雪岩表面上"看东家的面子"不能不敷衍，暗地里却处心积虑，想打倒胡雪岩。但是，他不敢明目张胆地跟胡雪岩对着干，所以一切都在暗中操作。所幸尤五最先发现问题，派人告诉古应春，古应春又来告诉当时身在苏州的胡雪岩。听得古应春细说原委，胡雪岩渐渐有了办法，要制服朱福年。

其实很容易，只须将庞二请出来，几个人合伙给他演一出戏，慢慢揭穿他的把戏，朱福年就没得混了。做得狠一点的话，让他在整个上海都找不到饭碗。

在对待吃里扒外的朱福年时，胡雪岩牢牢记住，"饶人一条路，伤人一堵墙"的道理，因此，胡雪岩在这件事的处理上是极为漂亮的。

朱福年做事不地道，不仅在胡雪岩与庞二联手销洋庄的事情上作梗，还拿了东家的银子"做小货"，他的东家庞二自然不能容忍。依庞二的想法，他是一定要彻底查清朱福年的问题，狠狠整治他一下，然后让他滚蛋。但胡雪岩觉得不妥。胡雪岩说："一发现这个人不对头，就彻底清查之后请他走人，这是普通人的做法。最好是不下手则已，一下手就叫他心服口服。诸葛亮'火烧藤甲兵'不足为奇，要烧得他服帖，死心塌地替你出力，才算本事。"

胡雪岩的做法是：先通过关系，摸清了朱福年自开户头、将丝行的资金划拨"做小货"的底细，然后再到丝行看账，在账目上点出朱福年的漏洞。然而他也只是点到为止，不点破朱福年"做小货"的真相，也不再深究，让朱福年感到自己似乎已经被抓到了"把柄"，但又莫明实情。同时，他还给出时间，让朱福年检点账目，弥补过失，等于有意放他一条生路。最后，则明确告诉朱福年，只要尽力，他仍然会得到重用。

这一下，朱福年心惊不已，自己的毛病自己知道，却不明白胡雪岩何以了如指掌，莫非他在恒记中埋伏了眼线？照此看来，此人莫测高深，真要步步相逼，他的疑惧流露在脸上，胡雪岩就索性开诚布公地说出了一席话，这段话很有水平："福年兄，你我相交的日子还浅，恐怕你还不知道我的为人，我的宗旨一向是有饭大家吃，不但吃得饱，还要吃得好。所以，我决不肯轻易敲碎人家的饭碗，不过做生意跟打仗一样，总要齐心协力，人人肯拼命，才会成功，过去的都不用说了，以后看你自己，你只要肯尽心尽力，不管心血花在明处还是暗处，我说句自负的话，我一定看得到，也一定不会抹杀你的功劳，在你们二少爷面前帮你说话。或者，你若看得起我，将来愿意跟我一起打天下，只要你们二少爷肯放你，我欢迎之至。"

这番话，听得朱福年激动不已："胡先生，胡先生，你说到这样的金玉良言，我朱某人再不肯尽心尽力，就不是人了。"他对胡雪岩是毕恭毕敬，显然是对胡雪岩彻底服帖了。要知此人平日里总是自视清高，加之东家庞二"强硬"，所以平日里总在有意无意间流露"架子大"的味道。此刻一反常态，才是真正内心的表现。胡雪岩得理也饶人，因此收服了朱福年。

俗话说：冤家宜解不宜结，退一步海阔天空。有了争论、摩擦，稍微争辩几句是可以的，你虽然有委屈，但也不要得理不饶人，对方已经知道理亏了，也就多包容一点，退让一步，不要使争论、摩擦升级，不以争讼为能事，大事化小，小事化了。这样，既能收到批评的效果，又能彰显我们做人的大度。

人人都有自尊心和好胜心，在生活中，大部分人一旦陷身于争斗的漩涡，便不由自主地焦躁起来，有时为了自己的利益，甚至是为了面子，也要强词夺理，一争高下。一旦自己得了"理"，便决不饶人，非逼得对方鸣金收兵或自认倒霉不可。然而这次"得理不饶人"虽然让你吹着胜利的号角，但也成了下次争斗的前奏。因为这对"战败"的对方也是一种面子和利益之争，他当然要伺机"讨"还。其实，在这种时候，对一些非原则性的问题，我们何不主动显示出自己比他人更有容人之雅量呢！所以说，得理也让三分，是一种做人做事的大智慧，谁能做到这一点，谁就能少些麻烦，多些顺畅。

别人的隐私，要么拒之门外，
要么烂在肚里

每个人都是独立的个体，有他自己的思想和见解，也有权保留自己的秘密和隐私，尊重别人的隐私是对人最起码的尊重，也是体现我们自己道理和修养的时候。

所谓个人隐私，是指一个人出于个人尊严或其他某些方面的考虑，而不愿为别人所知道的个人事宜。大家都知道，谁都不愿意把自己的错处或隐私在公众面前曝光，一旦被曝光，就会感到难堪或恼怒。

在与人交往的过程中，有些人总是克制不住自己的好奇心，而去问别人有关个人隐私的一些问题。这样做，不仅会让自己"碰钉子"，还会给双方的交谈蒙上一层尴尬的气氛。

张丹和小薇是特别好的朋友。一次偶然的机会，张丹获得了一个信息，朋友小薇并不是她父母的亲生女儿，但是由于消息来源不太可靠，她不知道究竟是真是假。在好奇心的驱使下，在一次去小薇家做客的时候，她偷偷翻看了小薇的日记，希望能够找到证据证明，但是却恰巧被小薇发现了。

当小薇了解到张丹的目的之后，只是淡淡地告诉了她："是的，我不是父母的亲生女儿。"然后，她一句话也没再说，显得很不开心的样子。

从此以后，小薇再也不跟张丹亲近了。

原来，小薇小时候曾不幸走失，过了很长一段流浪的日子。后来，小薇的养父母收养了她，给予她亲生父母般的爱，将她从噩梦般的生活中救了出来。尽管如此，每每忆及这段记忆，仍会使小薇痛苦不堪。

在这个事例中，小薇之所以不再理张丹，就是因为她觉得张丹过分侵犯了她的隐私，而那个隐私正是在她心中痛苦的根源。也许她对张丹的心情更多的不是愤怒，而是不知该去如何面对一个喜欢探究自己痛苦记忆的人。

每个人都有自己的秘密，都有一些压在心里不愿为人知的事情。在与人闲聊调侃中，哪怕感情再好，也不要随意探究他人不愿说出来的事情，更不能把别人的隐私公布于众。无数事实表明，不分场合、对象、环境和谈话内容，毫无选择、毫无顾忌地说别人的隐私或追问别人的隐私，都是很不理智的行为，同时也会造成别人的反感。

在人际交往中，无论是同性或者是异性间，都应尊重他人，保护他人的隐私，不能强迫别人暴露。尊重、真诚、宽容、信任是人际交往中非常重要的原则。

　　张敏是一个聪明的人，很讨人喜欢，她之所以有很好的人缘，是因为自己懂得装聋作哑，而且有一张能够守口如瓶的嘴。同事们都爱跟她聊天，都不会担心聊过之后，她会泄漏什么天机。这样的倾听者再让人舒服不过了。

　　一次偶然的机会，张敏发现了一个秘密：已婚的老板居然跟秘书有地下情。

　　那天，张敏是约好朋友王丽在餐厅吃晚餐。当她们坐下不久，王丽发现张敏的目光注视了一会刚进门的一对男女，然后刻意地想要躲避他们。王丽仔细看，却发现，那是张敏的老板和一个年轻的女孩，女孩表现出很羞涩的样子，绝对不会是他的妻子。

　　王丽对张敏说，那不是你的老板吗？要不要过去跟他打个招呼？"嘘！别说话！"她按住王丽的手，小声对她说，"我们还是换个地方吃饭吧！"很显然，她不想让老板知道她看到了这一幕。

　　两个人悄悄地溜出餐馆，把更大的空间留给了她的老板和他的情人。

　　那天，王丽知道了，张敏为什么会讨人喜欢，因为她知道，哪些事情她应该感兴趣，哪些事情，她不应该感兴趣。

　　由此可见，如果你想拥有良好的人际关系，你就要多给别人一些空间，克制住自己想知道的欲望，不要过于关注别人的隐私。

　　不论多么亲密的人际关系，也应彼此保留一块心理空间。人们总以为亲密的人际关系似乎不应当有什么隐私可言。其实越是亲密的人际关系越是要尊重隐私。这种尊重表现为不随便打听、追问他人的内心秘密，也不随便向别人吐露自己的隐私。

如果你在无意间知道了别人的秘密，最好的处理方法就是三缄其口，即使在本人面前也要三缄其口，装聋作哑，把它当成自己的秘密一样守着；或者就当自己从来都没听说过一样，把它忘掉。

摆正自己的位置，别抢了领导的风头

在职场中，有些人自命不凡或者自作聪明，不甘低调行事，总希望通过在领导面前展示自己的才能来获得好评。殊不知，这种自我表现很可能会抢了领导的风头，触犯职场的潜规则。

李丽是一家美国公司驻北京分公司的公关经理，她在商场上有很高的声誉，但却因一件小事而被迫辞职，事情是这样的：美国总公司的几位最高领导者决定在北京举行宴会。除了北京分公司的总经理及一些要员外，美国总部的要员当然少不了，再加上一向合作无间的大客户，宴会非常盛大。李丽作为北京分公司公关经理，常常乐于以女强人自居。在任何方面，她属下的公关部都干得非常出色，这也是她愈益引以为自豪的。不知是否被胜利冲昏头脑，在一些宴会中，李丽的"锋头"有时竟凌驾于总经理之上。总经理是一位好好先生，在不损及自己利益的情况下，每每让她发言。总公司与分公司联合宴会的机会极少，李丽还是头一次经历。由筹备宴会开始，她抱着很谨慎的态度，务求取得总公司主管的赞许。

宴会当晚，李丽周旋于宾客间，确令现场气氛甚为欢乐。直至分别由总公司的高层主管及分公司的总经理致谢辞时，她在旁逐一介绍他们出场。轮到她的上司，即分公司总经理，她不知怎么在介绍之前，竟先说了一番致谢辞，感谢在场客户一直以来的支持。虽然三言两语，已让总公司的主管皱眉，因为她当时负责的，只是介绍上司出场，而非独立发言。

在宴会进行的过程中，总公司主管曾与李丽交谈，发现她提及公司的事时，只以个人主见发表，全不提及总经理的旨意。给人的感觉是，她就是分公司的最高主管。结果，分公司总经理被上级邀请开会，研究他是否坚守自己的职位，而非都由公关经理代为处理日常业务。李丽终于自动辞职，原因是她认为被总经理削权，却不知道是自己的锋芒太露而喧宾夺主。

身处职场之中，争强好胜，努力表现自己本没什么错，但如果你两眼一抹黑地去抢领导的风头就太不明智了。因为领导之所以成为领导，自有他的过人之处。在付出了数不清的辛苦和艰难之后，会有一种无论在任何场合都想做主角的欲望，所以，若有表现或出风头的机会和场合，请不要忘了将领导推到前面。

古人云："木秀于林，风必摧之。"每个人都有不安全感。当你在领导面前展现自己、显露才华时，很自然会激起领导的怨恨及妒忌，这是可以预期的。所以如果你想给领导留下好的、深刻的印象，那么你千万不能表现过头，炫耀自己的才能往往会适得其反。因为这会引起领导的恐惧和不安。你要想办法让你的领导看起来有一种优越感，感觉自己高人一等。这样，你将会获得权力的提升。

　　媛媛是一家公司的编辑。刚到公司时，作为公司唯一一个研究生，很受领导的器重。媛媛也表现得特别积极，工作完成得相当漂亮，在公司内部也赢得了同事的认可。没过多长时间。领导就找她谈话，鼓励她好好干，下个月给她升职。听到这样的话，媛媛表现得更加敬业了，只要公司有事情需要做，她都争先恐后。

　　但是，过了一个月，本来领导许诺给她的升职机会被同部门的另一个同事抢走了。郁闷的媛媛反思自己这段时间的工作才发现，原来是自己触动了职场上的"警戒线"。

　　有一次，公司老板下来视察工作，主管有事情刚出去，于是媛媛就毛遂自荐地要代表部门向老板介绍最近的工作情况。她分析了业绩下滑的原因，同时也提出了一些提高业绩的建议。后来，老板找到了主管，要求他近期调整策略。主管就很不高兴，从此交给她的任务也少了。

　　还有一次，在公司组织的产品策划会上，在谈论关于产品销售途径的问题上，媛媛还没等着主管发表意见，就自顾自滔滔不绝地把自己内心的想法都说出来了。她当时还在想，这是一次表现自己的机会。当时主管的表情异常严肃，她还以为是在考虑她的意见呢。现在想想，自己当时肯定是没有顾及主管的面子。

　　失去了这次机会之后。媛媛在公司的工作也变得不顺利。不到一个月的时间，就被主管以不适合这份工作为由辞退了。

　　领导最忌讳手下的人自表其功，自矜其能。这很容易会遭到领导的猜忌、排斥和嫉恨。所以，不要显示你的才华高于领导。

有功不忘领导，有出风头的机会尽量给领导，千万别抢领导的风头。

在穿着方面，你也要注意，不能抢领导的风头。你可以尽量穿与领导风格相近的衣服，以赢得亲切感，但千万不要比领导穿的好。如果你穿得比领导名贵，打扮得比老板夺目，同领导在一起的时候，自然就夺去了领导的风采，吸引了别人对领导的注意力，这会让他们心中很不痛快。如果你的领导很讲究服饰仪表，你也应注重服饰的整洁得当；如果你的领导不太看重服饰，那你穿着上"过得去"便行了。

永远不要让你的光芒遮盖了你的领导。领导毕竟是领导，他需要一种绝对的权威，需要下属对他的认可、敬畏和服从，这也是领导的价值和尊严所在。职场中遇到出风头的事，一定要多思量，考虑周全。做事情把握分寸，要到位而不要越位，总是比领导矮一截，或是适当地把功劳让给领导。任何情况下不让领导觉得你是对他有威胁的，能够做到这些，你自然就能够在陷阱重重的权力森林中得以自保，进而提升自我，获得事业的成功。

总之，在与领导相处的时候，要恰当地表现你的身份，尽量表现出低领导一等的姿态来，谦逊得体，不露锋、不出头。一句话：不要抢了领导的风头！

量力而行，做自己能够做到的事情

你真的认为自己是一个无所不能的人吗？

事实上，我们每个人都有自己的能力上限，不可能样样都行。能力极限可能是由于自己体力、心智或情绪上的缺陷所致。此外，外界因素也可能从中作梗，给我们造成各种阻碍。

尽管如此，很多人为了向别人或自己证明自己的能力，强迫自己去做能力所不能及的事情，不仅会累坏自己，而且还会平白浪费了宝贵的时间。所以，我们要首先明白这个道理：尽力而为，还要量力而行。

某项工作任务难度很大，老板打算将它交给一个很能干，并且自己很器重的下属，交接时老板问道："这项工作难度很大，有没有问题？"下属拍拍胸脯说："绝对没问题，您就放心吧！"一周过去了，工作没有任何进展。老板问他进度如何，他只好如实回答："不如想象中那么简单！"尽管老板说他已经尽力了，但对他的能力已经有所怀疑了，并且把工作转交给了其他人。

做任何事情都要量力而行，不要打肿脸充胖子，明知不可为而为之。自己最应该了解自己的能力，能吃几碗饭，能干多少事。所以，在做事情之前，你要充分的分析自己的能力。

一位武林大师隐居于山林中，人们都千里迢迢地来跟他学武。人们在到达深山的时候，发现大师正从山谷里挑水。他挑的不多，两只木桶里水都没有装满。人们不解地问："大师，这是什么道理？"大师说："挑水之道并不在于挑的多，而在于挑的够用。一味贪多，适得其反。"众人越发不解。大师笑道："你们看这个桶。"众人看去，桶里划了一条线，大师说："这条线是底线，水绝对不能超过这条线，否则就超过了自己的能力和需要。开始还需要看这条线，挑的次数多了就不用再看这条线了，凭感觉就知道是多是少。这条线可以提醒我们，凡事要尽力而为，也要量力而行。"

做什么事情都要根据自己的能力而定，不要做自己力不能及的事，这样只能让自己头破血流，或者误入歧途。所以，我们在做事情的时候，要时时刻刻掂量自己，时时刻刻要知道自己是谁？自己几斤几两？有几分力量？不要过高估计自己的德行和自己的力量，一定要量力而行，量体裁衣。

周旋是一个非常爱面子的人，经常将一些自己本来难以办到的事情往身上揽。一次，老同学张楠在和他吃饭的时候，告诉他自己的父母要从外地过来，看看自己，顺便玩几天。兴奋之余，张楠有些担心地说："就是我要工作，不能每天陪着他们。让他们自己在这个陌生的城市里转，我还真是有些不放心。"周旋一听，立刻拍着胸脯说："嗨，这算多大事啊？交给我了。咱爸咱妈哪天来？我给你找辆奥迪，再给你配个专人司机，保证让他们玩得开心又安全！"张楠立刻说道："这怎么好意思，那车多贵，人家肯定不舍得借吧？"

张楠这话虽然是为周旋考虑，周旋却觉得面子有些受损，信誓旦旦地说："你还别说，不管车有多贵，只要你要，我就能给你借过来。这点面子我还是有的！"张楠见周旋有些不高兴，就不再推辞了。

谁知，周旋大话是说出去了，但还真的没有借到奥迪。周旋这样爱面子的人，怎么好意思向张楠承认自己借不到车呢？无奈，他只好自己花钱，租了一辆奥迪，还请了一个专门的代驾。周旋的这句话，可把他的荷包折腾惨了。

周旋这一类人，其实在生活中是很常见的。他们过于爱面子，希望得到别人的"仰视"，因而不惜在朋友面前吹牛，最后要为说出去的话付出"惨重"的代价。很明显，他们之所以吃亏，就是因为他不懂得量力而行，最后只能为自己的承诺买单。

帮助别人需要量力而行，不要超出自己能够承受的范围。心有余而力不足的情况时常能够遇见，这个时候，就不能脱离现实条件，而是能帮多少算多少。如果帮得不好，不但对被帮者无益，反而对自己有害，违背了初衷。

人要有自知之明，所以，哪怕是帮最好的朋友办事，也要量力而行，千万别逞强，说不定你还会适得其反，将事情搞砸。办不成的事，要老实地说，没什么不好意思的。办不了的事就是办不了，朋友之所以来找你，就因为他也办不成，别为你帮不上别人的忙而不好受，与其搞砸了一件事，还不如让他另请高明。

量力而行是一种智慧。它要求我们要以一种严谨的态度、冷静的头脑来审视我们的实际情况，正确估量我们的实际能力，既不盲从，也不僵化。如果一个人，凡事不仅尽力而为，还能根据自身的条件量力而行，又经过全面权衡以后，懂得放弃自己不能办到的事情，那么他就是一个高情商的人。

有方有圆，处世不难

何谓方圆之道？方，是规矩，是框架，是做人之本；圆，是圆融，是老练，是处世之道。无方，世界没有了规矩，便无约束；无圆，世界负荷太重，将不能自理。为人处世，当方则方，该圆就圆。只有方，不知圆，便容易处处碰壁；只知圆，不知方，便易陷入孤立无援的境地。只有做到方外有圆，圆中有方，方圆相济，人际关系才会和谐。

天圆地方，天行健，君子以自强不息；地势坤，君子以厚德载物。可见，方圆处世的略谋，乃是责天法地的大智慧，顺应了天地万物生生不息的大规律。

在现实中，一个人如果过分方方正正，有棱有角，必将会碰得头破血流；但是一个人如果八面玲珑，圆滑透顶，则会给人华而不实的感觉。因此，做人必须方圆有度，刚柔并用。

外圆内方的处世艺术，是一种为人的智慧，要成功地驾驭"方"与"圆"，关键的是个人要求之于自身，做足"方"与"圆"的修养功夫。

《三国演义》中有"曹操煮酒论英雄"。当时刘备落难投靠曹操，曹操很真诚地接待了刘备。刘备住在许都，在衣带诏签名后，为防曹操谋害，就在后园种菜，亲自浇灌，以此迷惑曹操，放松对自己的注意。一日，曹操约刘备入府饮酒，谈起以龙状人，议起谁为世之英雄。刘备点遍袁术、袁绍、刘表、孙策、张绣、张鲁，曹操均摇头否认。曹操指出英雄的标准——"胸怀大志，腹有良谋，有包藏宇宙之机，吞吐天地之志。"刘备问："谁人当之？"曹操说："天下英雄唯使君与我。"刘备本以韬晦之计栖身许都，被曹操点破是英雄后，竟吓得把匙箸丢落在地下，恰好当时大雨将至，雷声大作。曹操问刘备，为什么把筷子弄掉了？刘备从容俯拾匙箸，坦然说："一震之威，乃至于此。"曹操哈哈大笑："雷乃天地阴阳击搏之声，何为惊怕？"刘备说："我从小害怕雷声，一听见雷声只恨无处躲藏。"曹操自此认为刘备胸无大志，必不能成气候，也就未把他放在心上。刘备巧妙地将自己的惶乱掩饰过去，从而避免了一场劫难。

在这个事例中，刘备聪明机智地运用方圆之术，在曹操的哈哈大笑之中，才免去了曹操对他的怀疑和嫉妒，从而逃脱了曹操的视线。

方为做人之本，圆为处世之道。方圆结合，才能做到游刃有余。因此，真正的"方圆"之人是大智慧与大容忍的结合体，有勇猛斗士的武力，有沉静蕴慧的平和。真正的"方圆"之人能对大喜悦与大悲哀泰然不惊。真正的"方圆"之人，行动时干练、迅捷，不为感情所左右；退避时，能审时度势，全身而退，而且能抓住最佳机会东山再起。

《史记留侯世家》中有过这样的一个小故事：秦朝末年的时候，张良在博浪沙谋杀秦始皇没有成功，后来便逃到下邳隐居。一天，他在镇东石桥上遇到位白发苍苍、胡须长长、手持拐杖、身穿褐色衣服的老人。老人的鞋子掉到了桥下，便叫张良去帮他捡起来。张良觉得很惊讶，心想：你算老几呀？敢让我帮你捡鞋于？张良甚至想到要拔出拳头揍对方，但见他是年老体衰，而自己却是年轻力壮，便克制了自己的怒气，到桥下帮他捡回了鞋子。

谁知道这位老人一点谢意都没有，反而大大咧咧地伸出脚来说："替我把鞋穿上！"张良心底大怒：嘿，这糟老头子，我好心帮你把鞋捡回来了，你居然还得寸进尺，要让我帮你把鞋穿上，真是过分！

张良这个时候正想要脱口大骂时，但他又转念想了一下，反正鞋子都已经帮他捡回来了，干脆好人就做到底吧！于是默不作声地替老人穿上了鞋。张良的恭敬从命，赢得了这位老人孺子可"教"的首肯。又经过几番考验，这位老人终于将自己用毕生心血注释而成的《太公兵法》送予张良。

张良得到这本奇书以后，便日夜的诵读研究，后来成为了满腹韬略、智谋超群的汉代开国名臣。

张良克制自己的不满，为老人拾鞋、穿鞋，看上去好像很窝囊，但这并不是软弱，而是圆通的表现。明知自己比老人身强力壮，处处礼让，这既表现为对老人的尊重，也表现为对自身品格的完善。张良正是运用自己的那种不断礼让，磨砺了自己的意志，增长了智慧，最终成为"运筹帷幄之中，决胜千里之外"的杰出的军事家、政治家。这就是"外圆内方"的智慧，运用好"方圆"之理，必能无往不胜，所向披靡；无论是趋进，还是退止，都能泰然自若，不为世人的眼光和评论所左右。

掌握方圆之道，是一种人生智慧。圆有余而方不足，则缺乏做人应有的骨气、正气；圆不足而方有余，则刚脆易折，难免经常碰壁。把圆与方结合起来，做到当方则方，当圆即圆，方圆有度，就一定能把人做好，把事办好。

总之，一个人要想成就成功的人生，无论做事还是做人，无论对人还是对己，都要圆内有方，方中有圆；都要方中做人，圆中归真。只有善于运用处世的方法谋略，才能做到八面玲珑，左右逢源。这就是方圆之道，这就是处世之哲学。

不用咬牙说"不"，也能巧妙拒绝

"拒绝"是一种艺术，当别人对你有所请求而你却办不到时，你就不得不拒绝对方。拒绝是很难堪的，不得已要拒绝的时候，我们不妨使用一些拒绝的策略。掌握了拒绝的策略，既可减少许多心理上的紧张和压力，又可使自己表现出人格的独立性，也不至于使自己在人际交往中陷于被动。

王刚和经理的关系不错，所以一般有什么活动或者聚会，经理都会叫上他一起参加。但时间一长，王刚就觉得自己的下班时间都被各式各样的应酬填满了，也很少有时间回家享受妻子做的饭菜。王刚觉得长久下去也不是个办法，他想应该如何巧妙地拒绝经理的邀约，才不会让经理感到不满。

这天下班，经理走到王刚的办公桌前，笑着说："王刚，今晚和王总约好了，下班一起去吃个饭，你也一起去吧，别忘了啊。"

王刚一听，又要陪经理去吃饭，可是已经和老婆说好要回去吃饭了。王刚只好装出很无奈的表情，对经理说："经理，你也知道，我们家那位是个强悍的母老虎，今天是她的生日，我要是不回去陪她吃饭。估计我以后都没法进家门了。您看，今晚的饭局能不能让其他同事陪您一块儿去？"

经理第一次听到王刚拒绝他的话，当即一愣，不过很快调整过来："哈哈，没想到你还是一个如此顾家的好男人呀。今晚的饭局你就不要去了，好好回去给你老婆过生日吧。以前是我疏忽了这一点，以后的饭局你适当参加就可以了，不用每次都去了。"

王刚笑着应道："谢谢经理的理解和批准。"

王刚终于用巧妙的方式，对经理成功说出了"不"。

正确拒绝他人是一种应变的艺术，它能让你化险为夷，为自己留下回旋的空间。找一个恰当的借口拒绝对方，模糊一些，对方会欣然接受；如果生硬地拒绝，对方则会产生不满，甚至对你产生怨恨。把拒绝的话说得委婉、模糊一些，能够使对方听出你拒绝的弦外之意，做到既不伤及对方的面子，又达到了拒绝他的目的。

拒绝他人是一门学问。有时候我们很想拒绝对方，但碍于情面只好点了头，结果给自己弄得疲惫不堪；有时候我们害怕对方对自己有负面的想法，不得已答应了对方的请求，但事情超出了自己的能力所限，事情没办好，结果还是留下了不好的印象，所以，学好"拒绝"这门课程，在生活中非常重要。只要我们掌握了一些基本的原则和技巧，拒绝对方也并不是一件十分难的事。

下面介绍几种拒绝的方式：

1. 拖延法。对方提出请求后，不必当场拒绝，可以采取拖延的办法。你可以说："让我再考虑一下，明天答复你。"这样，既使你赢得了考虑时间，又会使对方认为你对待这件事很认真。

　　小李一心想当一名图书编辑，于是想从学校调到出版机构工作，她找到了她大学老师的妻子——某出版社王总编，王总编知道出版社现在严重超编，但又不好直接拒绝，于是对小李说："刚刚超编进来一批毕业生，短期内社里不会研究进人的问题了，过一段时间再说吧。"

　　在上面的事例中，王总编没说这事绝对不行，而是以条件不利为理由，虽然没有拒绝，但为后来的拒绝埋下了伏笔。

　　2.幽默法。在面对对方的要求时，如果自己不情愿去做，那么如何拒绝才能既不会伤害到和气，又能达到成功拒绝对方的目的？这时，不妨转换一下思维，运用幽默的说法，巧妙地向对方表达自己的拒绝之意，这样既能成功推掉自己不想做的事，又不会伤害对方的自尊。

　　一天，老刘带着他7岁的儿子，拿着一份报告去找科长。

　　科长接过报告，不禁哈哈大笑："老刘啊老刘，别人都说你聪明，你怎么糊涂起来了？你才40多岁，你儿子才7岁，怎么打起退休离职报告来了？"

　　老刘不紧不慢地说："科长，要是我按着您给我的这个工作量工作，等做完了，我和儿子的年龄就都够了。"

　　老刘在拐弯抹角的夸张中机智应对科长的嘲笑，还制造了笑料，让科长在他的笑话中明白他是不可能完成这么大的工作量的，这样的巧妙拒绝，在保住科长面子的同时也会让他感觉到舒心。

　　3.模糊法。外交官们在遇到他们不想回答或不愿回答的问题时，总是用一句话来搪塞："无可奉告。"生活中，当我们暂时无法说"是与不是"时，也可用这句话。还有一些话可以用来搪塞，如"天知道。""事实会告诉你的。""这个嘛……难说。"等等。

有一种智慧叫大智若愚

明代学士吕坤在《呻吟语》中说："愚蠢的人，别人会讥笑他；聪明的人，别人会怀疑他。只有既聪明而看起来又愚笨的人，才是真正的智者。"宋代大文豪苏轼道："大勇若怯，大智若愚。"大智若愚是人生的至高境界，是混混沌沌与天地一体，秉承天地间的灵气，为造物主所呵护。大智若愚者，一般是一些得道高人，他们永远似睡非睡，对什么事都不感兴趣，态度总是淡淡的、傻傻的，一幅与世无争的样子。他们或者"采菊东篱下，悠然见南山"，或者身居闹市，仍心凉如镜。就算身居官场商界，仍能以出世的精神干入世的事业，一切功名利禄，他们拿得起，放得下。

大智若愚的意思是，有大智慧的人，不卖弄聪明，表面上好象很笨。意思非常明白，就是有智慧有才能的人，不炫耀自己，外表给人以很愚笨的感觉。中国成语大都是古人对经验和教训的总结，是智慧的结晶。有些人总爱自作聪明，总怕被人当作傻瓜，常常上演一幕幕作茧自缚、引火烧身、自掘坟墓的悲剧。这些人可能会一招得逞，一时得势，但玩的终究是小聪明，是大愚若智。

有一个小孩，大家都说他傻，因为如果有人同时给他5毛和1元的硬币，他总是选择5毛，而要1元。有个人不相信，就拿出两个硬币，一个1元，一个5毛，叫那个小孩任选其中一个，结果那个小孩真的挑了5毛的硬币。那个人觉得非常奇怪，便问那个孩子："难道你不会分辨硬币的币值吗？"

孩子小声说："如果我选择了1元钱，下次你就不会跟我玩这种游戏了！"

的确，如果他选择了1元钱，就没有人愿意继续跟他玩下去了，而他得到的，也只有1元钱！但他拿5毛钱，把自己装成傻子，于是傻子当得越久，他就拿得越多，最终他得到的，将是1元钱的若干倍！这就是那个小孩的大智若愚的表现。

大智若愚是人生的至高境界。大智若愚的人，总是在人前收敛自己的智慧。智者与愚者都是一样的愚蠢，其中差别在于愚者的愚蠢，是众所周知的，唯独自己不知；而智者的愚蠢，也是众所周知的，而自己却十分清楚。

王伟应聘到公司任职时，部门经理对他有戒心，因为王伟各方面明显比他强，部门经理是自学成才的"土八路"，王伟是海外归来的"洋博士"。王伟刚到公司上班，部门经理就拍拍他的肩膀说"老弟，我随时准备交班"，眉宇间透露出一丝悲凉。可王伟知道自己的身份，部门经理是上司，他是经理的助理，他们之间是上下级的关系，而且王伟也没有想"抢班夺权"的歹念。

于是王伟在大智若愚上做点文章，以消除上司对他的戒心，因为如果王伟稍有张扬，他的才气就会喷涌勃发的，立刻会反衬出上司捉襟见肘的尴尬。在业务会上，王伟对自己的真知灼见、远见卓识有意打下埋伏，留下思维的空间给经理作总结。平常王伟尽量表现"俗"一点，收起他的锋芒，经常向经理请示汇报，不擅自做主，特别是一些决策性的工作，王伟都等经理表态。有一次，经理出差不在家，有一笔生意其实王伟看得很准，肯定能赚大钱的，他还是向远在千里之外的经理请示，说自己吃不准，请经理定夺，把"功劳"让给经理。

经过一段时间的相处，经理对王伟消除了戒心，他把好多重大的决策权都主动下放给王伟，使王伟能纵横驰骋地发挥自己的才华，没有后顾之忧。

一个真正的聪明人不是让别人知道自己的强，而是让对方知道自己的弱，他们善于以此来求得自我保护，这正是大智若愚之人智慧的体现。

大智若愚的人通常给人的印象是：常常笑容满面，宽厚敦和，平易近人，虚怀若谷，不露锋，不显芒，有时甚至显得有点木讷，有点迟钝，有点迂腐。若愚者，即似愚也，而非愚也。"若愚"只是一种表象，只是一种策略，而不是真正的愚笨。在若愚的背后，隐含着真正的大智慧大聪明大学问。

大智若愚，不是故意装疯卖傻，不是故意装腔作势，也不是故作深沉，故弄玄虚，而是待人处事的一种方式，一种态度。大智若愚，是心平气和，遇乱不惧，受宠不惊，受辱不躁，含而不露，隐而不显，看透而不说透，知根而不亮底，凡事心里都一清二楚，而表面上，显得不知不懂不明不晰。大智若愚，若愚非愚，非愚若愚，则大功成焉！